JN061052

は　じ　め　に

　私たちは書籍や新聞・雑誌、電波・ネットメディアを通じ、農政や農業に関する様々な言葉・用語と接しています。しかしその本来の意味や正確な内容については知らない、あるいはうまく説明できないといったことが多いのではないでしょうか。

　本書「令和版　よくわかる農政用語集～農に関するキーワード1000～」は農業関係者の皆様のこうした疑問やニーズにお応えするため、農業制度・施策をはじめ農業経営や生産技術、食料流通・販売・消費などの分野から概ね1,000の用語を選び、出来るだけ分かりやすく簡潔に解説・説明を加えたものです。初版から20年余りが経過し、農業・農村を取り巻く環境も大きく変わりました。令和版を改めるにあたり用語の選択と記述について全面的な見直しを行いました。

　改訂に当たっては農業委員会組織関係者をはじめ関係各位に多大なるご協力を賜りました。厚くお礼申し上げる次第です。また今後とも皆様方のご意見・ご教示を賜りたくよろしくお願い申し上げます。

令和元年10月

全国農業委員会ネットワーク機構
一般社団法人 全国農業会議所

令和版よくわかる農政用語集

索　引

き

こ

な

に

れ

ろ

わ

Ⅰ　法　律　・　行　政

1 法　　律

食料・農業・農村基本法
しょくりょう・のうぎょう・のうそんきほんほう

　「食料の安定的な確保」と「多面的な機能の発揮」「農業の持続的な発展」「農村の振興」が規定され国民生活の安定的向上と国民経済の健全な発展を目的に1999年に成立した新しい農業基本法。施策の総合的かつ計画的な推進を図るため、食料・農業・農村基本計画を策定し、5年ごとに見直しを行っている。旧基本法は農工間の所得格差の是正などを柱に1961年制定にされたもので、我が国の食料・農業・農村をめぐる大きな変化に合わせ抜本的に改正された。

農業委員会等に関する法律
のうぎょういいんかいとうにかんするほうりつ

　農業生産力の増進及び農業経営の合理化を図るため、農業委員会の組織及び運営、農業委員会ネッ

トワーク機構の指定などについて定めた。

　目的は「農業の健全な発展に寄与すること」で2015年に改正、16年に施行された。農業委員の公選制が廃止されたほか、農地利用最適化推進委員の新設や建議の法定業務からの除外が行われた。

　旧法は、農業生産力の発展及び農業経営の合理化を図り、農民の地位の向上に寄与するため、組織や運営を定めることを目的とし1951年に制定された。

　→農業委員会

補助金等に係る予算の執行の適正化に関する法律
ほじょきんとうにかかわるよさんのしっこうのてきせいかにかんするほうりつ

　補助金適正化法。補助金等の交付の申請、決定等に関する事項その他補助金等に係る予算の執行に

関する基本的事項を規定し、補助金等の不正な申請、不正な使用の防止その他予算の執行、交付の決定の適正化を図ることを目的とした法律。1955年制定法律第179号。

過疎地域自立促進特別措置法
かそちいきじりつそくしんとくべつそちほう

　人口の著しい減少に伴って地域社会における活力が低下し、生産機能・生活環境の整備等が他の地域と比較して低位にある地域についてその自立促進を図り、住民福祉の向上、雇用の増大、地域格差の是正及び美しく風格ある国土の形成に寄与することを目的とする法律。過疎地域の自立促進を図るため、都道府県知事は過疎地域自立促進方針を定め、過疎地域自立促進都道府県計画を策定し、市町村は過疎地域自立促進市町村計画を策定する。2012年6月の改正により、東日本大震災の発生後における過疎関係市町村の実情に鑑み、有効期限が2021年3月まで延長された。

国有林野の管理経営に関する法律
こくゆうりんやのかんりけいえいにかんするほうりつ

　国有林野のある地域における農林業の構造改善その他産業の振興、住民の福祉の向上のための国有林野の活用の方針を示し、その円滑な実施を目的とし1971年に制定された法律。1998年改正で林業経営規模拡大、農用地造成等に加え、新たに保健利用のための活用を積極的に行うよう規定、改正されたほか、2019年改正では全国の国有林を最長50年間、大規模に伐採・販売する権利を民間業者に与えた。

山村振興法
さんそんしんこうほう

　山村の振興の目標を明らかにし、山村振興計画の作成、これに基づく事業の円滑な実施に関し必要な措置を講じ、山村における経済力の培養と住民の福祉の向上を図り、地域格差の是正と国民経済の発展に寄与することを目的に1965年に制定された10年を期限とする時限法。現行法の期限は2025

年。目標は道路、交通施設の整備、農道、林道整備、農業経営の近代化等。地域指定要件は林野率75%以上、人口密度1.16人/町歩未満（いずれも1950年2月1日時点の旧市町村単位で、1960年の統計にもとづく）。

集落地域整備法
しゅうらくちいきせいびほう

　土地利用の状況などからみて良好な営農条件および居住環境の確保を図ることが必要と認められる集落地域について、農業の生産条件と都市環境との調和のとれた地域の整備を計画的に推進するための措置を講じ、地域の振興と秩序ある整備に寄与することを目的に定められた法律。1987年制定で、現在14県で16地区の取り組みがある。

特定農山村法
とくていのうさんそんほう

　「特定農山村地域における農林業等の活性化のための基盤整備の促進に関する法律」。地域におけ

る創意工夫を生かしつつ、農林業その他の事業の活性化のための基盤の整備を促進するための措置を講じることにより、地域の特性に即した農林業その他の振興を図り、豊かで住みよい農山村の育成に寄与することを目的に1993年に制定された。新規作物の導入等による農業経営の改善、農用地・森林の利用の確保、新商品の開発、地域間交流等、農林業等の活性化を目標にしている。地域指定要件は勾配1/20以上の田が50%以上かつ当該区域内にある耕地の面積のうち田の面積の占める比率が33%以上であること、または勾配15度以上の畑が50%以上かつ当該区域内にある耕地の面積のうち畑の面積の占める比率が33%以上であること、林野率が75%以上等がある。
　　→特定農山村地域

農山漁村滞在型余暇活動のための基盤整備の促進に関する法律
のうさんぎょそんたいざいがたよかかつどうのためのきばんせいびのそくしんにかんするほうりつ

　グリーンツーリズムを支え、

バックアップするための法律で1994年制定された。主に「農村滞在型余暇活動に資するための機能の整備を促進するための措置等」と「農林漁業体験民宿業の健全な発展を図るための措置」の二つの内容からなっている。

国土利用計画法
こくどりようけいかくほう

　国土利用の基本的なルールを定めた法律で1974年に制定。国土利用の構想を示す国土利用計画の策定と土地利用基本計画の作成、土地の投機的な取引の規制、遊休土地に関する措置などを定めており、これらに基づいて、総合的かつ計画的な国土の利用を図ることを目的としている。限りある国土の利用にあたっては公共の福祉を優先させるとともに、自然環境の保全や地域の特色、経済、文化などに配慮しながら、国民の健康で文化的な生活環境の確保と国土の均衡ある発展を図ることを基本理念としている。

市民農園整備促進法
しみんのうえんせいびそくしんほう

　都市住民のレクリエーション等の目的で、継続して行われる農作業のため農機具庫や休憩所等の付帯施設を備えるなど市民農園の整備をすることで、健康的でゆとりある国民生活の確保を図るとともに、良好な都市環境の形成と農村地域の振興を図ることを目的とし、1990年6月に制定された。前年の特定農地貸付法と対となる法律。

生産緑地法
せいさんりょくちほう

　生産緑地地区に関する都市計画に必要な事項を定めることにより、農林漁業との調整を図りつつ、良好な都市環境の形成に資することを目的として1974年に定められた法律。1991年の改正で課税の適正化が図られ、市街化区域内の農地は宅地並み課税になり、同時に「宅地化する農地」(都市農地)と、農業以外はできない「保全する農地」(生産緑地)に分けられた。

2017年改正では面積要件を自治体により300㎡まで引き下げるとともに建築要件を緩和、さらに特定生産緑地制度が創設され、買い取りの申出期間の10年間延伸などの措置が講じられた。

地力増進法
ちりょくぞうしんほう

　地力の増進を図るための基本的な指針の策定、地力増進地域の制度について定めるとともに、土壌改良資材の品質に関する表示の適正化のための措置を講じることにより、農業生産力の増進と農業経営の安定を図ることを目的として1984年に制定された。

特定農地貸付法
とくていのうちかしつけほう

　「特定農地貸付けに関する農地法等の特例に関する法律（特定農地貸付法）」。1989年制定。地方公共団体または農業協同組合が行う特定農地貸付けに関し農地法等の特例を定めたもの。市民農園の開設を支援する法律である。農地法

の権利移動の許可等が不要で農業協同組合の事業能力の特例および土地改良事業の参加資格の特例というメリットがある。2005年の改正で一定の条件の下で市町村または農協以外の者でも市民農園の開設ができることとされた。さらに2018年改正で、農地所有者または非営利組織（NPO）や企業など非農地所有者でも市民農園が開設できるようになった。

都市計画法
としけいかくほう

　都市計画の内容とその決定手続き、都市計画制限、都市計画事業その他を定めることにより、都市の健全な発展と秩序ある整備を図り、国土の均衡ある発展に寄与することを目的としている。このため都市計画は農林漁業との健全な調和を図りつつ、健康で文化的な都市生活および機能的な都市活動の確保、ならびにこのためには適正な制限のもとに土地の合理的な利用が図られるべきことを基本理念として作成する。1968年制定。

都市農地の貸借の円滑化に関する法律（都市農地貸借法）

としのうちのたいしゃくのえんかつかにかんするほうりつ
（としのうちたいしゃくほう）

　都市農地の貸借の円滑化のための措置を講じた法律。都市農地の有効な活用を図り、都市農業の健全な発展に寄与するとともに、都市農業の持つ機能の発揮を通じて都市住民の生活の向上が目的。

都市緑地法

としりょくちほう

　都市の緑地の保全および緑化の推進に関し必要な事項を定めた法律。都市公園法その他の都市における自然的環境の整備を目的とする法律とあわせて、良好な都市環境の形成を図り、健康で文化的な都市生活が確保されることが目的。

都市農業振興基本法

としのうぎょうしんこうきほんほう

　都市農業の安定的な継続を図るとともに、多様な機能の適切かつ十分な発揮を通じて良好な都市環境の形式に資することを目的とした法律。議員立法により2015年制定。国・地方公共団体の施策及び実施の責務が盛り込まれているほか、政府による都市農業振興基本計画の策定が義務付けられている。

土地改良法

とちかいりょうほう

　農用地の改良、開発、保全、集団化に関する事業を実施するために必要な事項を定め、農業生産の基盤の整備及び開発を図り、農業の生産性の向上、農業総生産の増大、農業生産の選択的拡大と農業構造の改善に資することを目的とし、1949年に制定された。土地改良事業については①原則、農用地の耕作者を事業参加資格者（三条資格者）とすること②事業参加資格者の発意・同意に基づいて実施すること③受益地となる一定の地域内の事業参加資格者の3分の2以上の同意により事業実施、費用負担できること—を基本原則としている。

　東日本大震災に係る津波による災害に対処し、国等が緊急に行う災害復旧、除塩並びにこれと併せて行う区画整理等の事業が円滑に行えるよう「東日本大震災に対処するための土地改良法の特例に関する法律」（2011年5月施行）に国庫負担等が定められた。

土地基本法
とちきほんほう

　土地についての基本理念及び土地施策の基本となる事項を定め、適正な土地利用の確保を図り、正常な需給関係と適正な地価の形成の土地対策を総合的に推進し、国民生活の安定向上と国民経済の健全な発展に寄与することを目的とし1989年に定められた。背景に当時の土地投機に基づく地価高騰などの社会問題があった。「土地について公共の福祉が優先」「土地は適正に計画に従って利用」「投機的な取引の抑制」「土地価格が増加する場合、得られた利益に応じ、適切な負担が求められる」の四つが基本理念である。

土地区画整理法
とちくかくせいりほう

　公共施設の整備改善と宅地の利用の増進を図るための土地の区画形質の変更等に関する土地区画整備事業に関して、必要な事項を定めている。土地区画整備事業とは事業地内の宅地の減歩および換地により道路、公園等の公共施設の整備改善と宅地の整備を行うものである。そのため都市計画法と同法に基づき土地区画整理事業を施工する区域を定めることができる。1954年制定。

農業経営基盤強化促進法
のうぎょうけいえいきばんきょうかそくしんほう

　「農用地利用増進法」を改正し1993年に制定された法律。効率的かつ安定的な農業経営を育成し、これらが農業生産の相当部分を担うような農業構造を確立するために、農業経営の改善を計画的に進めようとする農業者に農用地の利用集積、経営管理の合理化その他の農業経営基盤の強化を促進するための措置を講じることにより、

農業の発展に寄与することが目的。耕作目的の農地の貸借について農地法の規制を緩和し、農地の有効利用と流動化を進め、農業経営の改善と農業生産力の増進を図ろうとするもの。認定農業者制度、農業経営基盤強化促進事業（利用権設定等事業、農用地利用改善事業等）等は本法を基に行われている。

農業振興地域の整備に関する法律（農振法）

のうぎょうしんこうちいきのせいびにかんするほうりつ（のうしんほう）

　農業の健全な発展を図り、国土資源の合理的な利用に寄与することを目的として、総合的に農業の振興を図ることが必要と認められる地域について、当該地域の保全と農業投資等の農業振興に関する施策を計画的に推進するため、農業振興地域の指定および同地域整備計画の策定を行うことを内容とした法律（1969年制定）。農業振興地域内の農用地区域に区分されると農地等の転用は原則として認められず、また開発行為の制限を受ける。農振地域整備計画の策定、変更について、地権者だけでなく市町村の住民が意見提出できる。

農地法

のうちほう

　農地改革の成果を恒久化するとともに、投機目的など不耕作目的の農地取得を防止するため、民法の特別法として1952年に制定された法律。2009年の改正により、農地はその耕作者自らが所有することが最適であると認めて、耕作者の農地の取得を促進し、その権利を保護し、土地の農業上の効率的な利用を図ることから、耕作者の地位の安定と国内の農業生産の増大を図り、国民に対する食料の安定供給を確保することに目的を見直した。農地を売ったり買ったり、貸したり借りたり（権利移動）する場合は農地法第3条の許可を受けないと民法上の効力が発しないこととされている。また農地を宅地など農地以外のものに転用する場合も第4条または第5条の許可

を受けなければならない。

青年等の就農促進のための資金の貸付け等に関する特別措置法

せいねんとうのしゅうのうそくしんのためのしきんの
かしつけとうにかんするとくべつそちほう

　農村における高齢化の進展などの環境の変化に伴い、青年農業者その他農業を担うべき者の確保の重要性が著しく増大していることから、就農支援資金の貸付け等の特別措置を講じ、青年の就農促進を図り農業の健全な発展と農村の活性化に寄与することを目的とし、1995年に制定された。就農支援資金について定めている。

特定農産加工業経営改善臨時措置法

とくていのうさんかこうぎょうけいえいかいぜんりんじ
そちほう

　農産加工品等の輸入にかかわる事情の著しい変化に対処し、特定農産加工業者の経営改善を促進する措置を講じて新たな経済環境への適応の円滑化を図り、農業と農産加工業の健全な発展に資するこ

とを目的とする。特定農産加工業者等が経営改善を図るため事業提携計画を作成し都道府県の承認を受けた場合、金融・税制上の特例措置を受けることができる。1989年制定。

農業改良助長法

のうぎょうかいりょうじょちょうほう

　農業者が農業経営、農村生活に関して有益かつ実用的な知識を得、これを普及交換するために、農業に関する試験研究および普及事業を助長し、もって能率的で環境と調和のとれた農法の発達、効率的かつ安定的な農業経営の育成および地域の特性に即した農業の振興を図り、あわせて農村生活の改善に資することを目的とする。普及指導センターの普及指導員により技術情報の提供、助言、診断指導等が行われ、農業の発展と農家の生活向上に寄与する。1948年制定。2005年改正で地域農業改良普及センター必置規制の廃止、農業改良普及手当の上限の廃止等を措置した。

農業協同組合法
のうぎょうきょうどうくみあいほう

　農業者の協同組織の発達を促進することにより、農業生産力の増進及び農業者の経済的社会的地位の向上を図ることを目的とし、1947年に制定された。農業協同組合、農業協同組合連合会、農業協同組合中央会、農事組合法人について定めている。

　2015年改正では農協改革をめざし、地域農協が自由な経済活動を行い、農業所得の向上に全力投球できるよう目的を改正し、農業者に事業利用を強制してはならない、理事の過半数を認定農業者等として責任ある経営体制とすること──などを規定した。

農業災害補償法／農業保険法
のうぎょうさいがいほしょうほう／のうぎょうほけんほう

　農業者が不慮の事故によって受けることのある損失を補填して農業経営の安定を図り、農業生産力の発展に資することを目的とし、1947年に制定された。農業共済組合、農業共済組合連合会、保険事業について規定している。

　2017年改正で、法律の名称を「農業保険法」に改めたほか、農業経営収入保険事業の創設とともに農作物共済の当然加入制を廃止した。

農業用ため池の管理及び保全に関する法律
のうぎょうようためいけのかんりおよびほぜんにかんするほうりつ

　農業用ため池を適正に管理・保全することで、農業用水の供給機能を確保しつつ、決壊による被害を防止することを目的とした法律。平成30年7月豪雨などの甚大な被害を受けたことから、2019年に制定。農業用ため池を設置・廃止したときの都道府県への届出、決壊した場合に周辺地域に被害を及ぼす恐れのある農業用ため池（特定農業用ため池）で、堤体の掘削、竹木の植栽等を行うときの都道府県知事の許可等を規定している。

天災融資法
てんさいゆうしほう

「天災によって被害を被った農林漁業者などに対する資金の融通に関する暫定措置法」。農林漁業者または組合に対し、経営の維持・安定に必要な低利の経営資金や事業資金の融通を円滑にするための法律。国は都道府県に対し利子補給および損失補償に必要な経費を補助する。1950年制定。

主要食糧の需給及び価格の安定に関する法律（食糧法）
しゅようしょくりょうのじゅきゅうおよびかかくのあんていにかんするほうりつ（しょくりょうほう）

1942年から続いた食糧管理制度に代わって、1995年11月から施行された食糧に関する新たな制度。民間による自主流通米を主体とし、自主流通米価格形成センターでの米価を軸にすえて市場原理を導入した。集荷・販売についても米全体の許可（指定）制から、計画流通米を扱う場合のみの登録制へと規制が緩和された。2003年に改正され、計画流通制度を廃止するとともに自主流通米価格形成センターを米穀価格形成センターに改称し、その後全国米穀取引・価格形成センターに改称。同センターは2011年3月に解散した。

牛の個体識別のための情報の管理及び伝達に関する特別措置法
うしのこたいしきべつのためのじょうほうのかんりおよびでんたつにかんするとくべつそちほう

「牛トレーサビリティに関する法律」。牛の個体識別のための情報の適正な管理および伝達に関する特別の措置を講じて、牛海綿状脳症（BSE）のまん延を防止するための措置の実施の基礎とするとともに、牛肉に係る当該個体の識別のための情報の提供を促進し、畜産および関連産業の健全な発展、消費者の利益の増進を図ることを目的とし2003年6月に制定された。牛個体識別台帳の作成、牛の出生等の届け出および耳標の管理、特定牛肉の表示等、報告および検査、罰則について定めている。

家畜伝染病予防法
かちくでんせんびょうよぼうほう

　家畜の伝染性疾病（寄生虫病を含む）の発生を予防するとともに、まん延を防止し、畜産の振興を図る目的で、発生予防対策や防疫措置を定めた法律。1951年制定。疾病を①経済的な損失②防疫措置の難易③人への影響により、「家畜伝染病（いわゆる伝染病）」＝26種類＝と、「届出伝染病」＝70種類＝に大別。「家畜伝染病」に指定されたものは発生時の届け出や隔離、殺処分、通行遮断、消毒などを義務づけている。

　2013年改正で、口蹄疫対策や高病原性鳥インフルエンザ対策の観点から発生予防、早期の通報、迅速な初動の強化が図られた。

家畜排せつ物法
かちくはいせつぶつほう

　「家畜排せつ物の管理の適正化及び利用の促進に関する法律」。畜産経営者（牛10頭など一定規模以上）に対して家畜排せつ物の野積み、素掘り（未処理貯留など）を禁止し、たい肥化や浄化により適正に処理・利用することを定めた法律。適正処理などの義務を履行せず、行政の「命令」を受けても改善しない場合は最高50万円の罰金が科せられる。1999年制定、5年後の2004年から本格施行。

JAS法（農林物資の規格化及び品質表示の適正化に関する法律）
ジャスほう（のうりんぶっしのきかくかおよびひんしつひょうじのてきせいかにかんするほうりつ）

　JASはJapanese Agricultural Standard（日本農林規格）の略。1950年制定。食品の多様化、消費者の食品の品質及び安全性や健康に対する関心の高まりに対応して、生鮮食品について《原産地》、加工食品は《原材料》等の表示を横断的に義務づけている。また検査認証を受けて有機JASマークが付けられたものでなくては「有機」という表示をしてはならないこととしている。

　2001年4月の改正により、すべての生鮮食品に対する原産国表示、農産物の有機認証表示、遺伝

子組み換え農産物を使用した加工食品の表示が義務付けられた。2015年の食品表示法の施行に伴い、食品の表示基準の策定などに関する規定を削除した。

食育基本法
しょくいくきほんほう

　食育に関する基本理念を定め、国民の健康と豊かな人間性を育むため、食育の推進を課題とし、現在及び将来にわたる健康で文化的な国民の生活と豊かで活力ある社会の実現に寄与することを目的に、2005年に制定された法律。食育推進基本計画を定め、内閣府に食育推進会議を設け、学校・保育所・家庭での食育や地域における健康増進のための食生活改善の推進など、国民の食生活改善を図る。

食品安全基本法
しょくひんあんぜんきほんほう

　食品の安全性に関するリスク評価を行う食品安全委員会の設置を含む、国民の健康の保護を目的と

した包括的な食品の安全性を確保するための法律。国民の健康の保持が最も重要であるという基本的認識の下に、食品供給行程の各段階において国際的動向や国民の意見に配慮しつつ科学的知見に基づき、食品の安全性の確保のために必要な措置が適切に講じられることを基本理念とする。2003年5月制定。

食品衛生法
しょくひんえいせいほう

　飲食による衛生上の危害の発生を防止し、公衆衛生の向上・増進を目的として1947年に制定された法律。食品とはすべての飲食物をいい、薬事法に規定する医薬品、医薬部外品は含まない。食品および添加物、器具および包装、表示および広告、検査、営業などについて規定する。2018年の改正では、食品の製造や調理、販売に関わる全ての事業者にHACCP（危害要因分析重要管理点）の導入が義務付けられた。

食品リサイクル法
しょくひんリサイクルほう

「食品循環資源の再生利用等の促進に関する法律」（2000年5月施行）。食品の売れ残りや食べ残し、食品の製造過程において大量に発生している食品廃棄物について、発生抑制と減量化により最終的に処分される量を減少させるとともに、飼料や肥料などの原材料として再生利用するため、食品関連事業者（製造、流通、外食等）による食品循環資源の再生利用等を促進することを目的とした法律。

食品循環資源の再生利用等の促進に関する法律
しょくひんじゅんかんしげんのさいせいりようとうのそくしんにかんするほうりつ

→食品リサイクル法

植物防疫法
しょくぶつぼうえきほう

輸出入植物、国内植物を検疫し、植物に有害な動植物を駆除し、そのまん延を防止し、農業生産の安全及び助長を図ることを目的とし1950年に制定された。

農林産物貿易の多様化や国際物流の迅速化などに伴い、国内に発生していない新たな病害虫の侵入リスクの増大に備え、4次にわたる省令（施行規則）の改正が行われた。

農薬取締法
のうやくとりしまりほう

農薬登録の制度を設け、販売、使用規制等を行うことにより、農薬の品質の適正化とその安全かつ適正な使用の確保を図り、農業生産の安定と健康の保護を行い、生活環境の保全に寄与することを目的とし1948年に制定された。2002年の改正により無登録農薬の製造及び輸入の禁止、輸入代行業者による広告の制限、無登録農薬の使用規制の創設、農薬の使用基準の設定、罰則の強化を行った。また、2018年の改正では再評価制度の導入、農薬の登録審査の見直しを行った。

自然再生推進法
しぜんさいせいすいしんほう

　過去に損なわれた自然環境を取り戻す動きに対し、行政が支援することを約束した法律。これまであいまいだった非営利組織（NPO）の位置づけを、法律上で明確にしたことが特徴。政府は自然再生に関する基本方針を決め、地方公共団体はNPOなどが実施する自然再生事業に協力する責務を負う。2002年12月、議員立法により制定。

持続農業法
じぞくのうぎょうほう

　「持続性の高い農業生産方式の導入の促進に関する法律」。環境と調和のとれた持続的な農業生産を確保するため、たい肥の投入などによる土づくりと化学肥料・化学農薬の使用の低減を一体的に促進するもの。都道府県が定めた持続性の高い農業生産方式の導入計画の認定を受けるとエコファーマーと呼ばれ、農業改良資金の償還期限の延長や取得した農業機械

の特別償却などの支援措置が受けられる。1999年7月制定。

農用地土壌汚染防止法
のうようちどじょうおせんぼうしほう

　「農用地の土壌の汚染防止等に関する法律」。農用地の土壌の特定有害物質による汚染の防止と除去ならびにその汚染に係る農用地の利用の合理化を図るために必要な措置を講じることにより、人の健康を損なうおそれがある農畜産物が生産され、または農作物等の生育が阻害されることを防止し、国民の健康の保護と生活環境を保全することを目的とし1970年に制定された。

　2017年度末までに対策地域に指定されたのは累計で73地域、うちすでに解除されたのは57地域、2018年末現在も指定されているのは16地域となっている。

卸売市場法
おろしうりしじょうほう

　卸売市場の整備を促進し適正な運営を確保することにより、生鮮

食料品など（一般消費者の日常生活と密接な関係のある農畜水産物）の取引の適正化とその生産、流通の円滑化を図り、国民生活の安定に資することを目的として1971年に制定された法律。

2018年改正では、加工食品や外食の需要、通信販売、産地直売等の進捗に合わせ、各卸売市場の実態に応じて創意工夫を生かした取り組みや合理化を目指し取引の適正化が図られた。

種苗法
しゅびょうほう

新品種の育成者の権利を保護し、種苗の流通の適正化を目的とする法律。1978年制定。新品種の育成には専門的な知識、技術と長い年月にわたる多額な投資が必要で、育成を奨励するために育成者の権利を保護する必要がある。育成者の権利とは登録された品種について保護の期間中、販売の目的でその種苗を生産し、販売を行う排他的権利である。欧米諸国の育成者の権利を強化した育種振興策

に合わせるため1998年、従来の種苗法を全面改正した新しい種苗法を施行した。新しい種苗法は育成者の権利を「育成者権」として、他の知的財産権と同様に位置づけている。保護の期間は延長され、果樹など永年性作物は25年、他の作物類は20年。

日本は植物の新品種の保護に関する国際条約（UPOV）に加盟する中で、種苗法の一部改正を重ねており、自家増殖禁止品目を増やしてきている。施行規則改訂で2017年に280種、18年に356種、19年に387種に拡大。

会社法
かいしゃほう

これまで分散していた営利法人に関する法律（商法、有限会社法、商法特例法など）を統合し2005年に制定され、2006年に施行された。これにより会社の約4割を占める有限会社制度は廃止して株式会社に統合し、最低資本金制度や取締役の人数規制を撤廃した。合併など組織再編の規制を緩和する一方

で敵対的買収への防衛策を強化した。会計参与制度の創設や株主代表訴訟制度の見直しなど経営の健全性確保も図った。既存の有限会社は、特例有限会社として存続できる。

肉用子牛生産安定等特別措置法

にくようこうしせいさんあんていとうとくべつそちほう

　牛肉などの関税収入をいったん一般会計に組み入れた後、国の予算として毎年度国会の承認を得て、国の直接執行による補助事業のほか農畜産業振興機構への交付金を通じ、肉用牛の生産や食肉流通の合理化など畜産振興施策の財源に充てることを規定した法律。1988年制定。

畜産経営の安定に関する法律

ちくさんけいえいのあんていにかんするほうりつ

　主要な家畜または畜産物について、交付金や生産者補給交付金等の交付、価格安定の措置を講じて、畜産物の需給の安定等を通じた畜産経営の安定を図り、畜産およびその関連産業の健全な発展を促進

し、国民消費生活の安定が目的。2017年の改正で、加工原料乳生産者補給金制度をこれまでの暫定措置から恒久的な制度に見直したほか、生産者補給金の交付対象を拡大し、指定を受けた事業者に集送乳調整金を交付する等の措置を講じた。

景観法

けいかんほう

　都市、農山漁村などにおける良好な景観の整備・保全を目的とするわが国で初めての総合的な法律。2005年に全面施行された。基本理念および国などの責務を定めるとともに、景観計画の策定、景観計画区域、景観地区などにおける良好な景観形成のための規制、景観整備機構による支援など必要な措置を講じる。農水省関係では景観農業振興地域整備計画の策定を通じて美しい農村づくりを支援する。

棚田地域振興法
たなだちいきしんこうほう

　棚田と一体的な日常生活圏を構成していると認められる棚田地域の振興を図る法律。棚田を貴重な国民的財産と位置づけ、棚田地域の有する多面的機能の維持増進を図るために必要な事項を定めている。議員立法で2019年制定。

米トレーサビリティー法
こめトレーサビリティーほう

　米穀等の産地情報の提供を促進し、国民の健康の保護、消費者の利益の増進、農業及びその関連産業の健全な発展を図ることが目的。米穀事業者に対し米穀等の譲り受け、譲り渡し等に係る情報の記録及び産地情報の伝達を義務付けることで、米穀等の食品としての安全性を欠くものの流通を防止し、表示の適正化を図る。また適正かつ円滑な流通を確保するための措置の実施を目指す。2009年10月に施行された。

　米穀等には主要食糧に該当する米粉、米粉調製品などのほか、米飯類や米加食品が含まれる。

地域資源を活用した農林漁業者等による新事業の創出等及び地域の農林水産物の利用促進に関する法律（六次産業化・地産地消法）
ちいきしげんをかつようしたのうりんぎょぎょうしゃとうによるしんじぎょうのそうしゅつとうおよびちいきののうりんすいさんぶつのりようそくしんにかんするほうりつ（ろくじさんぎょうか・ちさんちしょうほう）

　農林水産物等及び農山漁村に存在する土地・水その他の資源を有効に活用した農林漁業者等による事業の多角化及び高度化（農林漁業者による加工・販売への進出等の「６次産業化」）に関する施策と、地域の農林水産物の利用の促進に関する施策（「地産地消等」）を総合的に推進する。このことで農林漁業等の振興等と、食料自給率の向上等に寄与することを目指して2011年３月に施行された。

　農林漁業者等が農林水産物及び副産物（バイオマス等）の生産及びその加工又は販売を一体的に行う事業活動に関する計画を策定し、農林水産大臣が認定する。

農地中間管理機構法

のうちちゅうかんかんりきこうほう

　「農地中間管理事業の推進に関する法律」。政府が2013年に閣議決定した日本の10年後に目指す姿を描いた「日本再興戦略」に基づき2014年に制定。農地の借り受け・貸し付けや利用条件の改善を行うため都道府県に一つ、農地中間管理機構を設け、担い手への利用集積を強力に進める。現状5割の集積率を2023年度までに8割に拡大する。機構は必要に応じ基盤整備等の条件整備を行う。2019年の改正で地域における農業者等による協議の場の実質化とそのための農業委員会の役割を規定した。

　→農地中間管理機構

農業競争力強化支援法

のうぎょうきょうそうりょくきょうかしえんほう

　農業の競争力強化を図ることを目的に2017年に制定。「良質かつ低廉な農業資材の供給」と「農産物流通・加工の合理化」を図るため、国が講ずべき施策を定めるとともに、農業資材・農産物流通等

の事業者の事業再編等を促進するための措置を講じている。

産業競争力強化法

さんぎょうきょうそうりょくきょうかほう

　日本企業の国際競争力を高めるため、経済成長を妨げているとされる三つの「過」（過小投資、過当競争、過剰規制）を解消し、設備投資の活性化、産業の新陳代謝、規制改革が目標。

2 組織・機構

食料・農業・農村政策審議会
しょくりょう・のうぎょう・のうそんせいさくしんぎかい

2001年1月の省庁再編にともない、米価審議会など12の審議会が統合されたもの。企画部会、食料産業部会、食糧部会、家畜衛生部会、甘味資源部会、果樹・有機部会、畜産部会、農業保険部会、農業農村振興整備部会からなる。施策部会は2007年に企画部会へ統合。統計部会は2007年に廃止された。

食料・農業・農村白書
しょくりょう・のうぎょう・のうそんはくしょ

食料・農業・農村基本法第14条第1項に基き、農林水産省が毎年国会に報告することが義務づけられているもの。食料・農業・農村の「動向」と「講じようとする施策」の二つの部分からなるレポート。例年5月に公表される。

全国飼料増産行動推進会議
ぜんこくしりょうぞうさんこうどうすいしんかいぎ

2015年3月に決定された食料・農業・農村基本計画及び酪肉基本方針に基づく飼料増産運動の推進母体。自給飼料の増産を図るため、行政と農業団体が一体となって取り組もうと全国段階に設置。シンポジウムやセミナー、情報交換会の開催、「飼料増産通信」の発行などを通じ、自給飼料生産の有利性や重要性についての啓発とともに、飼料増産関連制度・施策の普及・浸透を図るほか、取り組み事例の紹介やマニュアルの作成・配布などを行い、地域段階の取り組みを支援。

担い手育成総合支援協議会
にないていくせいそうごうしえんきょうぎかい

認定農業者をはじめとする地域農業の担い手の育成・確保を図る

ことを目的に全国、都道府県、地域の各段階において、関係する農業団体、地方公共団体等で構成される組織。担い手に対する支援活動を総合的に実施する。経営基盤強化促進委員会からの改組。

地域農業再生協議会
ちいきのうぎょうさいせいきょうぎかい

　需要に応じた地域の水田農業生産のため市町村の区域を基本に、地域の実情に応じその区域を設定して設置することととされている。

　原則として会員に市町村、農業協同組合、農業共済組合、担い手農家、集落営農、農業法人および農業委員会、農地利用集積円滑化団体（または地域再生協議会を農地利用集積円滑化団体として指定）を含むこととし、土地改良区、担い手農家、集落営農、農業法人、認定方針作成者、実需者、消費者団体、商工会関係者、中小企業診断士、税理士など地域の実情に応じてその会員を構成し、必要に応じて普及指導センターの指導・助言を受ける。

都道府県農業再生協議会
とどうふけんのうぎょうさいせいきょうぎかい

　都道府県の区域をその区域として設置することとされている。

　原則として、会員に、都道府県、都道府県農業協同組合中央会、全国農業協同組合連合会都府県本部（道県経済農業協同組合連合会および県農業協同組合を含む）、都道府県主食集荷協同組合、都道府県農業会議、担い手農業者組織（稲作経営者会議等）、都道府県農業法人協会を含むこととし、流通業者団体のほか、認定方針作成者（主要食糧の需給及び価格の安定に関する法律〔平成6年法律第113号〕第5条第1項の規定に基づき、その作成した生産調整方針が適当である旨の農林水産大臣の認定を受けた者）、集落営農の代表者、実需者団体、消費者団体等、事業内容や各都道府県の実情に応じてその会員が選定される。

農業協同組合（農協）

のうぎょうきょうどうくみあい（のうきょう）

　農協（JA）は、農業協同組合法に基き設立された農業者を主たる構成員とした協同組合で、組合員に対する最大の奉仕を目的とした中間非営利法人。組合員の農業経営・技術指導や生活のアドバイスを行うほか、生産資材や生活に必要な資材の共同購入、農産物の共同販売、農業生産や生活に必要な共同利用施設の設置などを行っている。また貯金の受け入れや融資を行う信用事業や共済事業なども業務のひとつ。

JA

ジェイエイ

　→農業協同組合

総合農協

そうごうのうきょう

　米・野菜・畜産物の共同（委託）販売や肥料や農薬、飼料の共同購入を行う経済事業のほか、貯金の受け入れ、資金の貸し出しなどの信用事業、各種生命共済などの共済事業などのさまざまな事業を兼営している農協。

農業協同組合中央会（JA中央会）

のうぎょうきょうどうくみあいちゅうおうかい（ジェイエイちゅうおうかい）

　農業協同組合法に基づき単位農協などが会員となり設立する都道府県連合会で、農協の健全な発達を図るため指導を行っている。農協、連合会の指導、情報提供、事業運営、教育、監査のほか、農業政策への意見の反映などに取り組んでいる。

全国共済農業協同組合連合会（JA共済連）

ぜんこくきょうさいのうぎょうきょうどうくみあいれんごうかい（ジェイエイきょうさいれん）

　農協などが会員となった全国組織で、相互扶助の理念に基づく協同組合保険として、暮らしのすべてにわたる保障を行う「JA共済」事業を行っている。

全国農業協同組合中央会（JA全中）

ぜんこくのうぎょうきょうどうくみあいちゅうおうかい（ジェイエイぜんちゅう）

　農協（JA）グループの総合指導機関として位置づけられ、その役割は全国の農業協同組合および農業協同組合連合会の運営に関する共通の方針を確立して、その普及徹底につとめて組合の健全な発展を図ってきたことにある。全国の農協や連合会の指導、情報提供、監査、農業政策への意見の反映の取り組み、広報や組合員、役職員の人材育成を充実させる「人」の教育を行った。2015年の農協法改正により中央会に関する規定は廃止され、19年から一般社団法人となった。一社移行後も「中央会」の名称は使用する。

全国農業協同組合連合会（JA全農）

ぜんこくのうぎょうきょうどうくみあいれんごうかい（ジェイエイぜんのう）

　農協等が会員となっている全国組織で、農業の生産能率を上げ、経済状態を改善し、社会的地位を高めるのに寄与することを目的とし、販売・購買事業等を農協からの販売委託や予約発注により行っている。

農林中央金庫

のうりんちゅうおうきんこ

　農林水産業の協同組合等を会員とする協同組織の全国金融機関。1923年に「産業組合中央金庫」として設立され、1943年に名称が現在の「農林中央金庫」に改められた。設立の根拠法である農林中央金庫法が定めるとおり、金融機能の提供を通じて会員とその構成員の経済的・社会的地位の向上を図り、農林水産業の振興を行っている。主な業務は会員や会員以外からの預金の受け入れ、会員や会員以外に対する資金の貸し付け、国内外の有価証券や市場性金融商品等への投資、日本政策金融公庫などの代理業務、農林債の発行。

日本政策金融公庫

にほんせいさくきんゆうこうこ

　日本政策金融公庫法に基づき、2008年に設立された全株政府保有の株式会社。国民生活金融公庫・中小企業金融公庫・農林漁業金融公庫と国際協力銀行の国際金融部門が統合された。農林漁業金融公庫が行ってきた農林漁業や食品産業への長期・低利の融資は、日本政策金融公庫農林水産事業として引き継いだ。

農業共済組合

のうぎょうきょうさいくみあい

　NOSAI組合等（農業共済組合と共済事業を行う市町村の総称）はその管轄する管内農家のNOSAI（農業共済）制度の運用に関連するすべての事務処理、また被害があった際の迅速な対応を行っている。NOSAI組織等は本来の共済事業のほか、病害虫防除など損害防止事業や収入保険に関する事業、地域の実情に合わせた各種サービス活動を実施、家畜診療所などを併設している。

NOSAI

ノウサイ

　　→農業共済組合

農業共済組合連合会

のうぎょうきょうさいくみあいれんごうかい

　組合管内農家の掛け金のみでは農家被害の損失を賄いきれない場合に備え、NOSAI組合等は各都道府県に設置されているNOSAI（農業共済組合）連合会と保険関係を結んでいる。組合等は保険料・賦課（ふか）金を支払い、大きな災害の際にNOSAI連合会から保険金を受け取る仕組み。また同じように各連合会は国（政府）との間で再保険関係を結んでいる。

中央畜産会

ちゅうおうちくさんかい

　畜産経営者の技術の向上と畜産経営の安定を図るための指導団体として1955年に設立された。あわせて都道府県の畜産指導業務を補完する団体として、都道府県畜産会が逐次設立された。中央畜産会は都道府県畜産会および畜産関連

中央団体と連携し、経営指導をはじめ資金の供給、情報の提供、畜産に関連する諸調査、出版活動など、畜産の幅広い分野で活動している。

農畜産業振興機構（alic）
のうちくさんぎょうしんこうきこう（アリック）

　農畜産業振興事業団と野菜供給安定基金が2003年に統合され発足した独立行政法人。担当する分野は畜産、野菜、砂糖、でん粉。農畜産物の生産者の経営安定対策、需給調整・価格安定対策、諸情勢の変化に対応した緊急対策、これら対策に関する情報収集提供などを実施している。経営安定対策では肉用子牛生産者補給金制度や肉用牛肥育経営安定特別対策事業、養豚経営安定対策事業、加工原料乳生産者補給金制度により生産者に補給金を交付しているほか、野菜生産者やさとうきび生産者、砂糖を製造する事業者、かんしょ生産者、でん粉を製造する事業者に対し補給金・交付金を交付している。

地方農政局
ちほうのうせいきょく

　農林水産省の地方支分部局（農林水産省設置法第18条、農林水産省組織令第119条）。農林水産省本省が所管する行政事務全般について各地域の実情に即した行政を行う。農業生産の振興、農業経営の支援、農産物の安全、主要食糧業務、農林水産統計の整備、地域振興、農業土木（新規農地開拓、農業水利、土壌改良等）などがある。

地方農政事務所（旧食糧事務所）
ちほうのうせいじむしょ（きゅうしょくりょうじむしょ）

　食の安全と安心の確保への関心の高まりに対応するための農林水産省の組織再編により旧食糧事務所を廃止し、これに替わり地方農政局の一組織として2003年7月に発足した。2011年9月に廃止され、地域センターに再編された。さらに2015年の組織見直しで地域センターも廃止され、「都道府県拠点」と地方農政局本局に業務が集約された。適正な食品表示の確保、生産資材の適正な使用を確保するた

めの巡回指導、立入検査などの農産物の安全性の確保等に関する業務と、政府備蓄米の運用、米需給調整システムの構築に向けた米政策改革の推進等といった主要食糧に関する業務を実施していた。

地域センター
ちいきセンター

　地方農政事務所、地方農政事務所と別庁舎に設置されていた地域課各課および各統計・情報センターを廃止・統合して2011年９月に発足した組織。地方農政事務所、地域課各課、各統計・情報センターを合計して全国に346か所の現場拠点を置いていたのに対して、新体制では地域センター65か所とその支所38か所の計103拠点となった。

地域農業改良普及センター
ちいきのうぎょうかいりょうふきゅうセンター

　新しい生産技術の導入支援や経営管理能力の向上支援、地域特産品の開発、農村の生活改善の推進等、農家の経営・技術・生活の向

上を図る普及事業を担う都道府県の出先機関として「農業改良助長法」に基づき設置されている組織。センターには農業の専門技術者（農業改良普及員：当時）が配属され、巡回指導、相談、農場展示、講習会の開催等により、直接農業者に接しながら活動を進めている。2005年の法改正により普及指導センターに改組。
　　→普及指導センター

普及指導センター
ふきゅうしどうセンター

　地域農業改良普及センターに代わり、普及指導員の活動により得られた知見の集約、農業者に対する情報提供、新規就農促進のための情報の提供・相談等を実施する機関。都道府県の判断により設置できる。

農業経営改善支援センター
のうぎょうけいえいかいぜんしえんセンター

　意欲ある農業者に対して、農業経営改善計画の策定や計画実現に向けた相談や支援活動を行う組織

で、全国、都道府県、市町村のそれぞれの段階に設置されている。

土地改良区
とちかいりょうく

　土地改良法に基づき、一定の地域において15人以上の農業者（原則として使用収益権者）により、田畑の区画整理といった土地改良事業の実施や用排水路・農道等施設の維持管理を目的に設立される団体。2002年度から愛称を「水土里（みどり）ネット」にするとともに、土地改良区自らがこれまでの役割を評価し、住民と一体になった地域づくりを行う「21世紀土地改良区創造運動」を推進している。

土地改良事業団体連合会（土改連）
とちかいりょうじぎょうだんたいれんごうかい（どかいれん）

　土地改良法を根拠とし、土地改良事業を行う土地改良区・市町村・農協等を会員とする社団法人。土地改良事業を行う者（土地改良区・市町村・農協等）の共同組織により、土地改良事業の適切かつ効率

的な運営を確保し、その共同の利益を増進することを目的としている。都道府県単位のものと全国連合会の2種類がある。

農地保有合理化法人（農業公社）
のうちほゆうごうりかほうじん（のうぎょうこうしゃ）

　農業経営の規模拡大や農地の集団化を促進するため、規模縮小を希望する農家等から農地の買い入れまたは借り入れを行い、規模拡大を希望する農家等への売り渡しまたは貸し付けを行う農地保有合理化事業を実施する法人のこと。全国47都道府県に農業公社などの名称で設置されている。公社を通じた売買では税金面での優遇措置、賃貸では数年分の賃借料の前払いなどが受けられる。ただし買う側や借りる側などには一定の要件があり、これを満たした場合には農地の購入に当たって助成や優先的な融資が受けられる。

都道府県農業公社
とどうふけんのうぎょうこうしゃ

　農地保有合理化法人として、都

道府県知事の定める基本方針で位置づけられている公益財団法人、公益社団法人、一般財団法人など。2014年に農地中間管理事業推進法が施行されたのを受け、農地中間管理機構に指定された。

全国農地保有合理化協会
ぜんこくのうちほゆうごうりかきょうかい

　農地保有合理化法人の行う業務を支援することを目的として基盤強化法で指定された農地保有合理化支援法人。1971年設立。農地保有の合理化に関する事業の適正かつ円滑な運営を図るための指導助言、研修会の開催、合理化事業の実施に必要な資金の供給、円滑な実施に必要な助成、資金の借り入れに係る債務の保証等を行っている。公益社団法人。

青年農業者等育成センター
せいねんのうぎょうしゃとういくせいセンター

　新たに就農しようとする意欲ある青年の就農を支援するために、都道府県段階に設置されている公益法人。農業公社や青年農業者等

育成基金などが指定されている。農業技術の研修教育や就農支援資金の貸付主体となる。また新規就農相談センターとして就農希望者への研修先の紹介をはじめ、就農関係情報の提供や就農相談など就農時のさまざまな支援活動を行っている。

新規就農相談センター
しんきしゅうのうそうだんセンター

　農業経営を営む人材の確保育成を目的として、全国および都道府県段階に設置されている組織（全国段階は全国農業会議所内に設置）。新規就農希望者に対する農地の確保に関する情報などといった新規就農関連情報の提供や、就農相談活動、就農セミナー等を業務として行っている。

農業委員会
のうぎょういいんかい

　農業者の公的代表として市町村長が議会の同意を得て任命する農業委員と、委員会から委嘱される農地利用最適化推進委員により構

成される市町村の行政委員会。農業委員会等に関する法律に基づき原則として全ての市町村に置かれる。

　農地法に基づく農地の権利移動の許可等の他の法令に基づく業務のほか、農業委員会法に規定された農地利用の最適化の推進として農地の集積・集約化と耕作放棄地の発生防止・解消、新規参入の促進を実施。さらに任意業務として担い手の育成等、構造政策の推進、農業者等への情報提供などにかかる業務を行っている。

農業委員
のうぎょういいん

　農業生産の発展と農業経営の合理化を図り、農業の健全な発展に寄与するため設けられた農業委員会の委員。委員会に出席し審議して、最終的に合議体として決定する。農地利用最適化推進委員と連携して活動を行う。

農地利用最適化推進委員
のうちりようさいてきかすいしんいいん

　農業生産の発展と農業経営の合理化を図り、農業の健全な発展に寄与するため設けられた農業委員会の委員。農業委員会から委嘱され、担当地区において現場活動を行う。

農業委員の選挙権・被選挙権
のうぎょういいんのせんきょけん・ひせんきょけん

　旧農業委員会法で公職選挙法を準用して定められていた農業委員の選出方法。2015年の農業委員会法改正時に廃止。農業委員会の区域内に住所を有する年齢20年以上で、(1)都府県10 a（北海道30a）以上の農地について、耕作の業務を営む者(2)(1)の同居の親族又は配偶者（その耕作に従事する日数が農林水産省令で定める日数に達しないと農業委員会が認めた者を除く）(3)(1)に規定した面積の農地で耕作を営む農業生産法人の構成員又は組合員、社員又は株主（(2)と同様に農業委員会が認めた者を除く）——に選挙権・被選挙権が与

えられていた。

小作主事

こさくしゅじ

　農地に係る紛争で、農業委員会による和解の仲介が行われる場合、その調停事務を行う都道府県の職員。民事調停法に基づく農事調停を円滑に行うため小作主事が派遣され調停を行うとともに、裁判官等と協議を行う。

農地部会

のうちぶかい

　農業委員会の区域の一部に係る事務を処理するため、1又は2以上置くことができる部会。

都道府県農業委員会ネットワーク機構（都道府県農業会議）

とどうふけんのうぎょういいんかいねっとわーくきこう(とどうふけんのうぎょうかいぎ)

　農業委員会等に関する法律に基づいて設置することができる農業委員会をサポートする都道府県の一定の条件を満たす一般社団法人または一般財団法人。都道府県内

の農業委員会相互の連絡調整、農業委員・推進委員・農業委員会職員への講習・研修、管内農地情報の収集・整理・提供などの業務を行う。

全国農業委員会ネットワーク機構（全国農業会議所）

ぜんこくのうぎょういいんかいねっとわーくきこう（ぜんこくのうぎょうかいぎしょ）

　農業委員会等に関する法律に基づいて設置することができる農林水産大臣の指定を受けた法人。都道府県農業委員会ネットワーク機構相互の連絡調整、農業委員・推進委員・農業委員会職員の講習・研修への協力、農地情報の収集・整理・提供（全国農地ナビの管理・運営）などの業務を行う。

　全国農業新聞・全国農業図書の発行機関。

全国農業者年金連絡協議会

ぜんこくのうぎょうしゃねんきんれんらくきょうぎかい

　1980年9月に設立され、農業者年金制度の拡充強化、年金業務の円滑化、農業経営の近代化と農業

者の福祉の向上に寄与することを目的として活動している。事務局を全国農業会議所内におき、2019年4月現在、15道県に設立されている都道府県段階の農業者年金関係協議会を正会員とし、未設置県の都府県農業会議を賛助会員としている。

全国認定農業者協議会
ぜんこくにんていのうぎょうしゃきょうぎかい

認定農業者の経営改善に向けた意欲と農業の担い手としての意思を結集させた自主・自発的な全国組織。2005年に全国認定農業者ネットワークとして設立され、2010年に現在の名に変更した。事務局は全国農業会議所。

全国農業経営者協会
ぜんこくのうぎょうけいえいしゃきょうかい

農業経営の自立化・企業化、経営改善に向けた規制緩和への取り組みなどにより、近代的な農業経営の確立を目指し、1950年代後半から農業経営者の結集と組織化を進めてきたわが国農業経営者運動

の草分け的な組織である。農業経営の法人化についても発足当初から取り組んできた。

都道府県段階の農業経営者組織や全国段階の作目別組織を会員とし、全国農業会議所内に事務局をおいて活動している。毎年2月に農業経営者研究大会を開催している。

全国稲作経営者会議
ぜんこくいなさくけいえいしゃかいぎ

稲作を経営の基礎として農業一筋に生き抜いていこうという農業経営者による自主的な全国組織。1976年11月に発足。平均経営規模は約16haで、近年は経営の法人化、多角化が進み、経営規模は拡大・発展している。産業としての稲作経営の確立をめざし、研究会など会員の相互研鑽、若手経営者の育成、各種政策提言などの農政運動、調査活動などを行っている。

全国養鶏経営者会議（全鶏）
ぜんこくようけいけいえいしゃかいぎ（ぜんけい）

配合飼料の値上げ問題を契機

に、養鶏経営者が団結して発言力を強めようと1967年に発足した農業経営者組織。会員は家族経営から発展した中・大規模の経営者。飼料の自家配運動やコスト削減のための飼料、ワクチンなどの規制緩和運動、ヤミ増羽追放、生産調整対策、消費拡大運動など業界全体の発展のためにさまざまな運動を行っている。

全国養豚経営者会議（全豚）

ぜんこくようとんけいえいしゃかいぎ（ぜんとん）

　企業的経営を目指す意欲ある全国の養豚経営者約170人によって1972年9月に発足した生産者自身が運営する自主独立の任意組織。全国の肉豚生産量の20%を全豚の会員が占める。全豚が取り組んできた規制緩和運動は、日本の畜産を守る観点から、家族経営を含めた全国の養豚経営者に大きな刺激を与え、今日の養豚経営者の法人化、組織化の発展に大きく貢献した。2006年10月13日に解散し、養豚に関する農政活動を新たに設立された日本養豚生産者協議会に一本化した。

全国肉用牛経営者会議

ぜんこくにくようぎゅうけいえいしゃかいぎ

　会員相互の緊密な連携の下に、肉用牛経営の技術向上及び経営発展に必要な畜政活動等共通利益の推進を図り、肉用牛経営者の地位向上等に資することを目的として1993年11月に設立された。会員は都道府県にある経営者組織の組織会員が中心だが、個人の直接加入も認めている。

農のふれあい交流経営者協会

のうのふれあいこうりゅうけいえいしゃきょうかい

全国観光農業経営者会議

ぜんこくかんこうのうぎょうけいえいしゃかいぎ

　農場を訪れる消費者に農産物のもぎ取りや加工を体験させる「観光農業」という付加価値型の農業経営者が全国から集まり、1975年に「全国観光農業経営者会議」として自主的に設立した組織。年1回開催する現地研究会では優秀な観光農園の視察に加え、消費者交流の最前線に立ち、限りない経営

の多角化に取り組む経営者が闊達な意見交換を行う。全国農業経営者協会の一員として農業経営者運動にも取り組む。

日本農業法人協会
にほんのうぎょうほうじんきょうかい

　わが国農業経営の先駆者と位置付けられる農業法人その他農業を営む法人の経営確立・発展のための調査研究、提案・提言、情報提供、職業紹介事業等の活動を行う公益社団法人。1999年6月28日に設立し、会員数は全国で約2,035法人（2019年6月）。

日本養鶏協会
にほんようけいきょうかい

　国民の食生活の向上と養鶏産業の健全な発展を目指し、養鶏生産物の需給の安定、消費の促進および養鶏に関する情報の収集・提供などのさまざまな活動を行う。1948年設立。

日本養豚協会
にほんようとんきょうかい

　養豚生産者による養豚生産者のための全国組織。養豚産業、養豚経営、日本の農畜産業の健全な発展と国民の健康な食生活の維持向上に寄与することが目的。養豚生産者の経営の安定向上、国際競争力の強化、豚の改良増殖の促進、国産豚肉の消費拡大と食育の推進などを行う。

農地主事
のうちしゅじ

　農業委員会の事務局に置かれる職員で、農地関係の事務に従事する職員。農地主事の必置規定は廃止されたため、多くの市町村では国の指導により条例等の「事務局に農地主事を置く」規定を削除している。

普及職員
ふきゅうしょくいん

　協同農業普及事業にかかわる職員には2種類ある。専門技術員は主に農業試験場などでの調査研究

を担当し、農業改良普及員は地域農業改良普及センターで農業者へ直接、栽培技術などを指導する。2005年の法改正により普及指導員に一元化された。

　→普及指導員。

専門技術員

せんもんぎじゅついん

　専門の事項または普及指導活動の技術及び方法について調査研究を行うとともに、現場で活動する改良普及員に対する指導などを実施する者。2005年4月より普及指導員に一元化。

普及指導員

ふきゅうしどういん

　専門技術員と農業改良普及員とを一元化し、2005年4月から都道府県に設置された職員。高度で多様な技術・知識をより的確に農業現場に普及していくために、専門の事項または普及指導活動の技術及び方法についての調査研究と農業者への普及指導を併せて実施。

普及指導協力委員

ふきゅうしどうきょうりょくいいん

　農業改良普及員に協力して農業経営または農村生活の改善に資するための活動を行う者。農業または農産物の加工若しくは販売の事業その他農業に関連する事業について識見を有する者のうちから委嘱することができる。（農業改良助長法　第13条）

指導農業士

しどうのうぎょうし

　優れた農業経営を実践して、地域農業の振興や農村青少年の育成等に貢献している農業者の社会的評価を高めるため、実施要領等により一定の要件を定め、知事等が農業者を認定する仕組みのこと。

女性農業士

じょせいのうぎょうし

　安定した農業経営に主体的に携わり地域から信頼を得ながら農業に専従している女性農業者。都道府県知事が認定。

青年農業士

せいねんのうぎょうし

　地域において水準の高い農業を営み、地域農業を推進するリーダーにふさわしい青年農業者を認定する称号。都道府県知事が認定する次世代の農業の担い手として活躍が期待される若い農業者。都道府県ごと要件は異なる。

農業機械士

のうぎょうきかいし

　農業機械士養成研修（農業機械の運転操作や点検整備等についての一定の研修）を受け、技能検定に合格した人を指し、道府県知事が認定する制度である。

全国農業委員会女性協議会

ぜんこくのうぎょういいんかいじょせいきょうぎかい

　女性農業委員の資質向上と女性農業委員への更なる登用・選出に向け、相互研さんと情報の交換・共有、農業政策に対する意見の公表、女性農業委員の組織化と組織活動の強化を目的として、2011年に「全国女性農業委員ネットワーク」として設立され、16年に現在の名称になった。都道府県の女性農業委員組織が会員。

農山漁村男女共同参画推進協議会

のうさんぎょそんだんじょきょうどうさんかくすいしんきょうぎかい

　農山漁村女性の社会参画および経営参画を推進し、男女共同参画社会の実現に取り組む任意団体。JA全国女性組織協議会、全国農業委員会女性協議会、全国農業改良普及支援協会、全国生活研究グループ連絡協議会、全国漁協女性部連絡協議会、全国林業研究グループ連絡協議会女性会議、日本農業法人協会の七つの団体が構成する。事務局はJA中央会、全国農業会議所。

ひめこらぼ（女性農林漁業者とつながる全国ネット）

ひめこらぼ（じょせいのうりんぎょぎょうしゃとつながるぜんこくネット）

　農林漁業に携わる女性経営者や若手女性農林漁業者の経営発展をめざし、農業以外の異業種分野、

民間企業も参加して情報交換・交流・連携を進めている全国ネットワーク。2012年に設立。

　起業や6次産業化の取組、食と健康、環境、地域振興、農山漁村女性の仕事おこしなどさまざまなテーマを共有、発信している。農山漁村男女共同参画推進協議会（事務局：全国農業会議所）が運営。

農山漁村女性・生活活動支援協会
のうさんぎょそんじょせい・せいかつかつどうしえんきょうかい

　農林水産省の生活改善普及事業を支援するため1957年に社団法人農山漁家生活改善研究会として設立され、1995年10月に事業目的を農山漁村女性の地位向上等に関する業務にまで拡大、名称を社団法人農山漁村女性・生活活動支援協会に変更した。2017年3月31日をもって解散。

全国生活研究グループ連絡協議会
ぜんこくせいかつけんきゅうグループれんらくきょうぎかい

　全国の農山漁村の生活改善の自主的グループを会員とし、望ましい経営や働き方等について研究、知識・技術等の情報交換を行い、男女が共に参画する地域社会の実現と農林漁業の振興を目的として活動。農山漁村女性・生活活動支援協会の解散にともない、2017年4月から全国農業会議所が事務局を担当。1964年に「生活研究改善実行グループ全国連絡研究会」として発足。1998年に現在の名称に変更。

農林水産業・地域の活力創造本部
のうりんすいさんぎょう・ちいきのかつりょくそうぞうほんぶ

　農林水産業・地域が将来にわたって国の活力の源となり、持続的に発展するための方策について幅広く検討を進めるために2013年5月、内閣に設置された組織。総理大臣を本部長、内閣官房長官、農林水産大臣を副本部長とし、関係閣僚が参画する。

攻めの農林水産業実行本部
せめののうりんすいさんぎょうじっこうほんぶ

　農林水産業・農山漁村の潜在力を最大限引き出し、農林水産業・農山漁村の所得を向上させ、地域のにぎわいを取り戻していくため2014年9月、農林水産省内に設置された大臣を本部長とする組織。

行政刷新会議
ぎょうせいさっしんかいぎ

　2009年9月の閣議決定により内閣府に設置された機関。2012年、廃止。

規制改革推進会議
きせいかいかくすいしんかいぎ

　経済社会の構造改革を進める上で必要な規制のあり方の改革に関する基本的事項を総合的に検討するために内閣府に設置された首相の諮問組織。2016年7月に設置期限が終了した規制改革会議に代わって設立された。

全国農業経営支援社会保険労務士ネットワーク
ぜんこくのうぎょうけいえいしえんしゃかいほけんろうむしネットワーク

　雇用型の就農が本格化するなか、農業雇用環境の改善を支援するため、2010年8月に設立された組織。ホームページや研修会を通じた雇用・労務管理の改善に向けた啓発活動や相談活動、労働保険・社会保険への加入促進に取り組んでいる。事務局は全国農業会議所。

農業委員会活動整理カード
のうぎょういいんかいかつどうせいりカード

　農業委員会活動を「見える化」する取り組みの一環として2011年度から作成。現在は休止中。地域の農業概況や農業委員会の活動成果を以下の項目に分けて整理し、全国農業会議所のホームページで公表していた。内容は、1農業概況、2農業委員会の体制、3農地権利移動等の業務量、4議事録の作成状況、5活動計画の点検・評価の状況、6農地基本台帳の整備状況、7農地法許可事務内容の公

表状況、8農業生産法人からの報告、9遊休農地の発生防止、解消、10農地の利用集積への取組、11違反転用への取組、12主な取り組み（活動のPR）、13新聞等への掲載情報。

農業女子プロジェクト
のうぎょうじょしプロジェクト

　農林水産省が立ち上げた、女性農業者が日々の生活や仕事、自然との関わりの中で培った知恵をさまざまな企業の技術・ノウハウ・アイデアなどと結びつけ、新たな商品やサービス、情報を創造し、社会に広く発信していくためのプロジェクト。このプロジェクトを通して、農業内外の多様な企業・団体と連携し、農業で活躍する女性の姿をさまざまな切り口から情報発信することにより、社会全体での女性農業者の存在感を高め、併せて職業としての農業を選択する若手女性の増加を図る。

農林漁業成長産業化支援機構（A-FIVE）
のうりんぎょぎょうせいちょうさんぎょうかしえんきこう（エー-ファイブ）

　農林漁業者の6次産業化事業を支援するために設立された官民ファンドで、20年間の時限組織。2013年設立。1次産業の農林漁業者と2次産業・3次産業の事業者が連携した6次産業化事業体（共同出資する会社）の経営支援をする。2017年には農業競争力強化支援法に基づく事業再編等、2018年には食品等流通法に基づく食品等流通合理化の取り組みが支援対策に追加された。

農地中間管理機構
のうちちゅうかんかんりきこう

　2014年に全都道府県に設置された公的機関で「農地の中間的受け皿」。高齢化や後継者不足などで耕作を続けることが難しくなった農地を借り受け認定農業者などの担い手に貸し付ける、利用権を交換して分散した農地をまとめるなどを行う。

3　政策・制度

農地改革
のうちかいかく

　戦後の1945年から1950年に行われ、連合国軍最高司令官総司令部（GHQ）の指導による戦後の民主化の一環として、不在地主や地主から農地（約200万haの小作地等）を政府が強制買収して小作農に売り渡し、地主階級を消滅させた改革。多くの小規模自作農が生まれた。

構造政策
こうぞうせいさく

　現状の農業構造の問題点（土地利用型農業の零細性、担い手の高齢化・不足、農地の遊休化等）を改善していくための各種の施策。優良農地を守るとともに担い手への利用集積を図るなど、その有効利用を進め、効率的かつ安定的な農業経営が生産の大宗を占めるような農業構造の実現（農業構造改革）を図ることなどを指す。

食料・農業・農村基本計画
しょくりょう・のうぎょう・のうそんきほんけいかく

　食料・農業・農村基本法の基本理念や基本施策を具体化するものして策定された計画。食料自給率の目標などを含み、おおむね5年ごとに食料、農業および農村をめぐる情勢の変化を勘案し、施策結果に関する評価を踏まえ変更を行う。

担い手への農地の利用集積
にないてへののうちのりようしゅうせき

　認定農業者などの農業の担い手に対し、農地の所有権、利用権、使用貸借権といった権利や農作業の委託を集積し、経営規模の拡大を支援すること。食料・農業・農村基本計画では、2023年までに全農地面積の8割を集積する計画を

たてている。

新たな農業・農村政策
あらたなのうぎょう・のうそんせいさく

　農業・構造改革をさらに加速化させるため、農林水産省が2013年に打ち出した政策群。それまでの経営所得安定対策（旧・戸別所得補償）の一部を廃止した。農地中間管理機構の創設、経営所得安定対策の見直し、水田フル活用と米政策の見直し、日本型直接支払い制度の創設の４本柱からなる。

経営構造対策
けいえいこうぞうたいさく

　地域農業の担い手となる経営体の確保・育成を図ることを目的とし、地域農業に関わる幅広い関係者の合意を基本として、生産、流通、加工、情報、都市農村交流などの施設を総合的に整備する事業として2000〜2004年に実施。1999年度までは農業構造改善事業と呼ばれていた。2009年度を持って終了した。

食と農の再生プラン
しょくとのうのさいせいプラン

　牛海綿状脳症（BSE）への対応で失政を指摘された農林水産省が2002年4月11日、農林水産政策の抜本的な改革を進める上での「設計図」として提案したもの。「食の安全と安心の確保に向けた改革」「食を支える農の構造改革の加速化」「人と自然が共生する美の国づくり」が柱となっていた。

国家戦略特別区域（法）、特区
こっかせんりゃくとくべつくいき（ほう）、とっく

　日本経済再生本部の提案を受け第２次安倍内閣が成長戦略の一つとして掲げた規制改革政策。2013年度に関連法が制定された。それまでの構造改革特区が下から積み上げ方式だったのに対し、同特区は上からの指定により規制・制度の緩和や税制面の優遇を行う目的で制定された。農林水産省を始め11分野92事業のメニューが実現しており、現在10地域が指定されている。

地域再生制度（地域再生法）
ちいきさいせいせいど（ちいきさいせいほう）

　地域の自主的かつ自立的な取り組みを推進するため、魅力ある就業機会の創出とともに経済基盤の強化や生活環境整備を総合的かつ効果的に行う目的で2005年度に創設された地域再生計画の申請・認定を柱とする制度。地方公共団体が補助金などの改革、権限移譲、民間開放などを進める。2014年からの地方創生の流れに呼応し、4度の法改正で支援措置を拡充。

農村環境計画
のうそんかんきょうけいかく

　農業農村整備事業の計画段階において地域住民の多種多様な意向を踏まえ、農業の有する多面的機能の適切かつ十分な発揮や環境との調和への配慮に応じるため、環境に関する総合的な調査を行い、環境保全の基本方針を明確にした上で市町村が策定する農業振興地域の整備計画。事業上の対策方針や各種環境整備メニューの最適な選定に対する検討を行う。都道府県が策定した農業農村整備環境対策指針に基づいている。

農村総合整備計画
のうそんそうごうせいびけいかく

　都市に比べ立ち遅れている農村の整備を総合的・計画的に推進し、国土の均衡ある発展と地域住民の福祉向上、都市と農村の交流促進を進め、地域の活性化を図るために農村基盤の整備を行う計画。

農村活性化土地利用構想
のうそんかっせいかとちりようこうそう

　農村地域の活性化等を図る観点から市町村が策定する構想に基づいて、農業上の土地の利用と非農業土地需要との計画的調整を図るための構想で、1989年の通達で創設された。構想の対象となる施設としては住宅、店舗、工場、流通用施設、都市と農村の交流の円滑化に資する施設などである。1999年の農振法改正で通達に基づくものは廃止。

農業農村整備事業

のうぎょうのうそんせいびじぎょう

　農業生産に必要な水資源や土地を確保・整備し、農業の生産性向上を通じて体質強化を図るとともに、農村を安全で住み良く快適な生活環境にし、自然環境と景観の保全など様々な公共資本を整備するための基幹事業。用排水施設の整備、農地等の保全管理、中山間地域の総合整備、環境整備、農村の総合整備、農道の整備、圃場条件の整備など。

広域営農団地農道整備事業（広域農道）

こういきえいのうだんちのうどうせいびじぎょう（こういきのうどう）

　自然的、社会的、経済的諸条件が等しい相当広範な農業地域（広域営農団地）について、当該地域の基幹となる作目に係る生産から流通、加工までの各段階を有機的、一体的に整備するため、地域の基幹となる農道の整備を行うことを目的とする事業。事業要件は①目的を達成するための広域営農団地整備計画の中に農道の整備構想があること、②農道として実施されるものであるから、農業車両が全体の過半数であること、③受益地は農業振興地域内であれば良いが、採択基準は農振農用地であること。採択要件は農業振興地域を対象とする農道の新設、改良であり、受益面積が約1,000ha以上であること、延長が10km以上、車道幅員がおおむね5mであることなどがある。

都市農業

としのうぎょう

　食料・農業・農村基本法において、「都市農業の振興」が国の農業政策としてはじめて明記された。都市住民のニーズに対応した農業・農村の振興として都市と農村の交流の促進を行い、農地の多面的な利用を促進する観点から市民農園の広範な普及を図る。都市農業が、新鮮な農産物の提供、農業体験・レクリエーションの場や緑、防災空間の提供等の面での都市住民のニーズに対応した発展が

図りうるよう適切な振興策をとる。具体的には生産緑地等への施策の実施等。

水田農業構造改革対策
すいでんのうぎょうこうぞうかいかくたいさく

　経営規模拡大や高品質・高付加価値化、省力化、低コスト化等の水田農業の構造改革を加速化するための施策。2004年度から2008年度まで実施された。産地づくり対策、稲作所得基盤確保対策（米価下落影響緩和対策）が水田農業構造改革交付金の柱である。産地づくり対策では地域において国が示すガイドラインの範囲内で地域の実情に応じた交付金の使途・水準を自ら定める。市町村、農協、農業委員会などで構成する地域水田農業推進協議会が地域水田農業ビジョンの策定を作成することが助成要件である。

地域水田農業再編緊急対策
ちいきすいでんのうぎょうさいへんきんきゅうたいさく

　日本型CTEと呼ばれている。2002年度の水田農業の構造改革に

資する取り組みに対し助成を行う対策。02〜04年度の3か年での地域水田農業再編計画として、地域ごとに複数の水田農業者（稲経加入者等）が共同で策定、取り組みやすい簡易な内容、様式の計画。計画内容は、取組目標、目標ごとの取組年度、所要経費、取組者。生産調整の地区達成等が計画認定の要件。具体的な取組内容例は担い手への農地の集積、有機米の生産、稲わらを収穫し畜産農家に供給等。定額補助金を交付する。CTEはフランスの新農業基本法（1999年）で創設された「経営に関する国土契約」という助成制度。

日本型CTE
にほんがたシィティイー

　→地域水田農業再編緊急対策。

地域農業システム
ちいきのうぎょうシステム

　地域の合意形成をもとに、担い手の確保・育成や担い手等への農地の利用集積、土地および生産基盤の整備、生産コストの低減や生

産技術の改善、農産物の販売戦略の確立などを通じ、地域の条件に即して「人（担い手）」「土地（必要な農地）」「もの（作物、機械施設）」を効率的、総合的に組み合わせ、地域として最大限の農業所得の確保と地域農業の持続発展を目指す新たな仕組み。

マスタープラン
ますたーぷらん

　基本的な方針として位置づけられる計画。農振整備計画は農業振興を図るための各種計画のマスタープランとして位置づけられている。

地域農業マスタープラン
ちいきのうぎょうマスタープラン

　食料・農業・農村基本法の理念の実現に向け、農業生産の維持・増大と効率的かつ安定的な農業経営が農業生産の相当部分を担う農業構造を確立するために、多様な担い手の育成、女性農業者の育成、高齢者対策、新規就農対策、担い手への農用地の利用集積などについ

て、５カ年計画として作成された経営・生産対策のビジョン・目標・年間活動計画。

　前記とは別に「人・農地プラン」のことを地域農業マスタープランと呼ぶことがある。

田園環境整備マスタープラン
でんえんかんきょうせいびマスタープラン

　地域の合意のもと、市町村が作成する農村地域の環境保全に関する基本計画で、環境保全の基本方針や地域の整備計画等を定めるとともに、対象地域を環境創造区域または環境配慮区域に区分することとしている。2002年２月、農業農村整備事業を実施する際に踏まえるべきプランとして制定。

基本方針
きほんほうしん

　農業経営基盤強化促進法に基づき、都道府県が地域の特性に即して策定する地域農政推進のための計画。都道府県における育成すべき農業経営の目標とすべき所得水準等の基本的考え方、経営に集積

すべき農用地の割合の目標等を内容とする。

市町村基本構想
しちょうそんきほんこうそう

農業経営基盤強化促進法に基づき、市町村が効率的かつ安定的な農業経営の育成を図るため、その目標の明確化を図り、目標設定の基本となる考え方、地域において育成すべき農業経営の規模、生産方式、農業従事の態様等に関する営農類型ごとの指標、農用地利用集積の目標を定め、実現のための施策、措置を定めたもの。

直接支払い
ちょくせつしはらい

国・地方公共団体等から、市場価格に介入せずに、生産者に対して直接支払われる補助金等のこと。

中山間地域等直接支払制度
ちゅうさんかんちいきとうちょくせつしはらいせいど

中山間地域等で、農業生産の維持を図り、多面的機能を確保する観点から、農業生産活動に対して10 a 当たりの交付単価に基づき一定の助成を行う制度。2015年度より第4期対策がスタート、同年度からは法律に基づく安定的な措置として実施されている。

中山間地域等直接支払制度における集落協定
ちゅうさんかんちいきとうちょくせつしはらいせいどにおけるしゅうらくきょうてい

直接支払いの対象となる農業生産条件の不利な1 ha以上の農用地において、農業生産活動等（耕作、農地管理等）を行う農業者が締結する協定。将来にわたり当該農用地において農業生産活動が維持されるよう、構成員の役割分担、生産性の向上や担い手の定着の目標など、集落として今後5年間に取り組むべき事項や目標を定めるもの。集落全体で耕作放棄の防止や農業・農村が有する多面的機能の増進を図ることを目指して取り組んでいく事項を定める。

農業委員会交付金

のうぎょういいんかいこうふきん

市町村農業委員会が農地法など
に定められた業務を行う経費で、
国が直接的に負担するもの。農業
委員会法第2条に規定されてい
る。内訳は農業委員、農地利用最
適化推進委員の手当て、職員の設
置費のほか、農地調査・資料整備
費となっている。

農地利用最適化交付金

のうちりようさいてきかこうふきん

農業委員会の農地利用の最適化
に向けた積極的な活動を推進する
よう、委員の手当てに上乗せして
支払うための財源となる交付金。

農産物行政価格

のうさんぶつぎょうせいかかく

農畜産物については構造政策を
助長し、生産性向上の促進に資す
るとともに、対象とする農産物の
需給均衡と納得の得られる価格で
の安定供給、経営体の安定的発展
が図られるよう価格安定制度等が
講じられている。麦の政府買入価
格、豚肉・牛肉の安定基準価格、
ばれいしょ、かんしょの原料基準
価格、てん菜、さとうきびの最低
生産者価格、交付金制度等。行政
価格は各種生産費調査結果、物価
動向などを考慮して決定される。

輸入小麦の政府売渡価格

ゆにゅうこむぎのせいふうりわたしかかく

政府が食糧法に基き輸入小麦を
卸売業者等に売り渡す際の卸売業
者等に売り渡す玄麦の価格。小麦
の国際価格や海上運賃の動向をも
とに決められる。

政府米

せいふまい

政府が保有するか売却した国産
米および外国産米。政府備蓄米と
もいう。政府は不作や大地震が発
生した場合に備えて、備蓄用に米
を直接買い入れている。

備蓄、備蓄米

びちく、びちくまい

1993年の米の大凶作により、外
国産米の緊急輸入が行われるなど

危機的な状況に陥った。この経験を踏まえ、消費者にいつでも安心して米が供給できるよう、95年から米の備蓄が制度化された。現在、備蓄水準は100万トンを基本に一定の幅で運用している。毎年、政府が20万tを買い入れるが、2019年度はTPP対策で9,000tを上乗せした。

加工用米
かこうようまい

味噌、せんべい、米穀粉用の加工原材料用需要の米。飼料用米とともに生産調整の転作対象作物として位置づけられている。1995年までは他用途利用米と呼称。

類別格差
るいべつかくさ

米の食味や品質による国内産米の標準売渡価格（政府売渡価格）における価格差のこと。ランク付け(類別格付)を設けている。なお、同価格は政府の買い入れ、売り渡しの入札制移行で廃止された。

経営所得安定対策
（品目横断的経営安定対策）
けいえいしょとくあんていたいさく

（ひんもくおうだんてきけいえいあんていたいさく）

品目横断とは「non-product-specific」（産品を特定しない）の意であり、毎年の支払額が当該年の作付内容と切り離されている等の産品非特定的な直接支払制度。経営所得安定対策等大綱により、全農家を一律として品目別に講じられている価格補てん対策を2007年度から見直し、対象を意欲と能力のある担い手に限定して、支援の内容を経営全体に着目した本対策が導入された。畑作物の直接支払交付金（ゲタ対策）と米・畑作物の収入減少影響緩和交付金（ナラシ対策）のほか、飼料用米、麦、大豆など戦略作物の本作化を進め、水田のフル活用を図る水田活用の直接支払交付金を実施している。

数量による管理（生産数量調整手法）

すうりょうによるかんり（せいさんすうりょうちょうせいしゅほう）

　マーケットから算定された米の需要量の情報を反映した生産目標数量を配分し、作付けの調整から生育、収穫、流通の各段階の調整を通して、供給量を需要量に適合させる仕組み。消費者ニーズを生産活動の基点として捉え、需要に供給を適合させることが基本となる。

米生産調整

こめせいさんちょうせい

　減反ともいう。供給量を調整するため、国や地方自治体が農家に対し作付面積を制限すること。過剰だった米の生産は価格の下落をもたらし経営基盤にも影響があり、そのため減反が実施され、農家の利益を保護してきた。2007年度から農業者・農業者団体などを主体にした生産調整に移行。さらに2018年米からは政府による生産数量目標の配分も廃止（生産調整の廃止）された。

生産数量目標

せいさんすうりょうもくひょう

　　→米生産調整

生産調整方針の作成

せいさんちょうせいほうしんのさくせい

　市町村の地域水田農業推進協議会の決定事項の範囲で、生産目標数量、生産調整方法、過剰米の処理方法などを記し、農政事務所に申請して認可を受ける。同方針に参加する農家は、産地づくり対策交付金や稲作構造改革促進交付金などを受けられる。

生産調整率

せいさんちょうせいりつ

　品目横断的経営安定対策の対象となる集落営農の面積特例で、生産調整組織の場合は、地域の生産調整面積の過半を受託し、生産調整の推進に貢献している組織が対象であり、20ha×生産調整率（その地域で米を作付けしていない面積の割合）まで面積規模が緩和される。調整率を求める方法は、原則市町村単位で、（市町村の田面

積－市町村の水稲作付面積）÷（市町村の田面積）。その後ゲタ・ナラシの規模要件は廃止され、交付対象となる集落営農は「組織の規約の作成」「対象作物の共同販売経理の実施」の2要件となった。

集荷円滑化対策
しゅうかえんかつかたいさく

　豊作による過剰米が発生した際の米価下落による農業経営への影響を防ぐため、認定を受けた生産調整方針にしたがって生産を行う者からの拠出により米穀安定供給確保支援機構で過剰米対策基金を造成する。2004年度から施行。主食用と区分して在庫保有する過剰米について、無利子の短期融資を行い、市場隔離するとともに、国は同機構の貸し付け業務の一部資金を貸し付けることなどが規定された。同対策は2010年度から制度の運用を休止している。

短期融資制度
たんきゆうしせいど

　米の作況指数が100を超えた場合に、農協などが主食用とは別に区分集荷した過剰米が対象。米穀安定供給確保支援機構に対して融資の申し込みをする。過剰分は生産者ごとの割当数量から確定される。集荷円滑化対策の柱の一つで、現在は同対策と供に休止中。

実績算入
じっせきさんにゅう

　米の生産調整における一つの計算手法。生産調整実施面積の要素で、対象水田を稲作以外の用途等に使用すること。加工用米や一定の条件を満たす果樹の生産などを実施した水田については、助成金の交付対象とせず、その面積だけを生産調整の実績として算入した。実績算入カウントという。

水田預託
すいでんよたく

　経営規模の零細性、労働力や機械・技術装備等の制約のため、自ら転作することが困難である農家の水田を転作に誘導していくため、農家の申し込みに応じて水田

を農協等が管理し、これを中核農家による管理転作に結びつけ、中核農家の規模拡大に資すること等を趣旨としているもの。1978年度からの水田利用再編対策で導入、2003年度まで実施された。

ネガ面積とポジ面積
ねがめんせきとぽじめんせき

　米を生産しない生産調整目標面積をネガ面積といい、米を生産できる面積（生産目標数量〔面積〕作付目標面積)をポジ面積という。

調整水田
ちょうせいすいでん

　水稲の生産力を維持するために、水を張ることなどによって管理されている水田。

地域間調整
ちいきかんちょうせい

　生産者団体が主体で取り組んだ地域全体の生産調整の目標を達成するための市町村間、都道府県間で各年度ごとに行う転作等目標面積調整のこと。生産者団体が情報収集し、各地域の生産調整の達成見込みを把握すると同時に、地域ごとの転作条件、転作作物の収益性等生産調整の実施余力等を把握し、生産調整目標面積の受け手と出し手との間で仲介・取りまとめを行った。

本作
ほんさく

　米の生産調整の実施に伴って作付けされた米以外の作物（麦、大豆、飼料作物など転作作物）の本格的な生産のこと。
　→転作

農地・水保全管理支払交付金／多面的機能支払交付金
のうち・みずほぜんかんりしはらいこうふきん／ためんてききのうしはらいこうふきん

　地域共同による農地・農業用水等の資源の保全管理と農村環境の保全向上の取り組みに対する支援制度。2007年度から導入。2014年からは多面的機能支払交付金。

食糧用麦の価格
しょくりょうようむぎのかかく

　国内産食糧用麦の価格は、需要に応じた生産ができるよう2000年産から播種前に販売予定数量の３割について入札が行われ、残り７割について相対取引が行われている。その価格については入札で決まった指標価格を基本に取引当事者間で決められている。

　一方、外国産食糧用麦の政府売渡価格は2007年４月以降、輸入価格（過去の一定期間における輸入価格の平均値）に、マークアップ（政府管理経費及び国内産小麦の生産振興対策に充当）を上乗せした価格で売り渡す「相場連動性」に移行した。

指定野菜価格安定対策事業
していやさいかかくあんていたいさくじぎょう

　キャベツ、ねぎ、はくさい、ほうれんそう、レタス、たまねぎ、きゅうり、トマト、なす、ピーマン、だいこん、にんじん、さといも、ばれいしょの14種類が対象。登録出荷団体を通じて共同出荷するも

の、もしくは登録生産者について平均販売価格が平均価格の90％（保証基準価格）を下回った場合に、保証基準価格と平均販売価格の差額を補てんするもの。

指定野菜
していやさい

　「野菜生産出荷安定法」第２条に規定する「消費量が相対的に多く又は多くなることが見込まれる野菜であって、その種類、通常の出荷時期等により政令で定める種別に属するもの」をいう。

　具体的には、同法第１条に掲げる次の品目をいう。

　キャベツ(春キャベツ、夏秋キャベツ及び冬キャベツ)、きゅうり(冬春きゅうり及び夏秋きゅうり)、さといも（秋冬さといも）、だいこん（春だいこん、夏だいこん及び秋冬だいこん）、トマト（冬春トマト及び夏秋トマト)、なす（冬春なす及び夏秋なす）、にんじん（春夏にんじん、秋にんじん及び冬にんじん）、ねぎ（春ねぎ、夏ねぎ及び秋冬ねぎ）、はくさい（春

はくさい、夏はくさい及び秋冬はくさい）、ピーマン（冬春ピーマン及び夏秋ピーマン）、レタス（春レタス、夏秋レタス及び冬レタス）、たまねぎ、ばれいしょ及びほうれんそう

→指定野菜価格安定対策事業

特定野菜等供給産地育成価格差補給事業
とくていやさいとうきょうきゅうさんちいくせいかかくさほきゅうじぎょう

　指定野菜以外の野菜で、国民消費生活上の重要性等から指定野菜に準ずる野菜として位置付けられる特定野菜等（35品目）の価格が著しく低落した場合に、生産者に価格差補給金を交付して、野菜農家の経営安定、翌年度の計画的な作付け、次期作の確保と消費者への野菜の安定的な供給を図るために、価格安定対策を実施する制度。

特定野菜
とくていやさい

　指定野菜に準じるものとして、農林水産省令に定めるものをい

い、以下の品目があげられる。アスパラガス、いちご、えだまめ、かぶ、かぼちゃ、カリフラワー、かんしょ、グリーンピース、ごぼう、こまつな、さやいんげん、さやえんどう、しゅんぎく、しょうが、すいか、スイートコーン、セルリー、そらまめ、ちんげんさい、生しいたけ、にら、にんにく、ふき、ブロッコリー、みずな、みつば、メロン、やまのいも、れんこん、ししとうがらし、らっきょう、わけぎ、にがうり、オクラ、みょうが、特認品目（都道府県知事からの申請で、農林水産大臣が特に定めるもの）。

野菜指定産地
やさいしていさんち

　野菜生産出荷安定法に基づき指定された産地のことで、野菜の生産・出荷近代化を計画的に進めるため「指定野菜」の集団産地として育成していく必要があると認められる産地。面積要件は作付面積が葉茎菜類・根菜類は25ha以上、果菜類は15ha以上（夏秋もの）・

10ha以上（冬春もの）。産地に対しては最低価格が保証される。

契約野菜安定供給制度
けいやくやさいあんていきょうきゅうせいど

　野菜生産出荷安定法が2002年に改正になり、新たに契約野菜安定供給制度が創設された。契約取引に伴い生産者が負うリスクを軽減するもので、数量確保、価格低落、出荷調整の３タイプがある。野菜指定産地を対象とした契約指定野菜安定供給事業と、契約特定野菜等供給促進事業の二つがある。

野菜供給安定基金
やさいきょうきゅうあんていききん

　2003年10月に独立行政法人農畜産業振興機構に移行。
　→農畜産業振興機構

価格差補給交付金
かかくさほきゅうこうふきん

　野菜などの価格補償制度で、実際の販売価格が補償基準価格を下回った場合の差額が交付金として農協を経て生産者に交付される。

指定野菜、特定野菜でそれぞれ算定方法が決まっている。

保証基準額（野菜・果実）
ほしょうきじゅんがく（やさい・かじつ）

　野菜および果実の価格補償を行うときの基準額で、市場平均価格の80％（指定野菜は90％）を基準価格として対象野菜、期間、出荷地域ごとに設定する。

補償準備金
ほしょうじゅんびきん

　野菜および果樹の生産者が農協・経済連を通じて出荷した青果物の市場価格が著しく低落した場合に補給金を交付するため、あらかじめ積み立てた交付準備金。指定野菜、特定野菜、県単補償によって国、県、生産者の負担割合が決まっている。

果樹農業振興基本方針
かじゅのうぎょうしんこうきほんほうしん

　果樹農業振興特別措置法に基づき10年後を目指して策定され、おおむね５年ごとに改訂されてい

る。第1回は1967年に策定され、直近では2015年に策定がなされた。永年性作物である果樹の特性に着目し、多様な消費者ニーズに即した果実の提供に関し、6次産業化の視点を踏まえ、幅広い支援策を講ずることとしている。

果樹経営支援対策事業
かじゅけいえいしえんたいさくじぎょう

産地自らが策定した果樹産地措置改革計画（産地計画）に基づき、目指すべき産地の実現に向けた優良品目・品種への転換、園地整備、労働力の確保など前向きな取り組みを行う担い手や産地を支援する事業。産地計画で今後振興すべき果樹として明記される品目・品種が事業対象となる。

果実需給安定対策事業
かじつじゅきゅうあんていたいさくじぎょう

うんしゅうみかんとりんごを対象とし、生産者団体による計画的な生産出荷の推進（果実計画生産推進事業）と一時的な出荷集中がある場合に生食用果実を加工用原料に仕向ける措置を支援（緊急需給調整特別対策事業）する事業。

果樹未収益期間支援事業
かじゅみしゅうえききかんしえんじぎょう

産地計画の振興品目・品種を対象に、改植に伴う未収益期間に対して支援する事業。

糖価調整制度
とうかちょうせいせいど

諸外国との生産条件の格差から生じる不利を補正するため、安価な輸入品から徴収した調整金を主たる財源にして、国産品の生産者及び製造業者に対して、生産・製造コストと販売額の差額相当の交付金を交付する制度。2015年のTPPに対応した法改正で、交付金の源資となる調整金の徴収対象に輸入される加糖調製品を追加した。

酪肉近代化基本方針
らくにくきんだいかきほんほうしん

酪農および肉用牛生産の振興に関する法律に基づいて策定される

酪農および肉用牛生産の近代化を図るための基本方針。10年間を目標に、おおむね5年ごとに策定している。1965年から酪農近代化基本方針として4回策定されたが、83年からは酪肉近代化基本方針として直近では2015年3月に策定がなされている。

畜産物価格対策
ちくさんぶつかかくたいさく

政府は毎年度、食料・農業・農村政策審議会畜産部会に加工原料乳生産者補給金の単価や限度数量、指定食肉の安定価格など諮問し、答申を得て決定する。

牛肉在庫緊急保管対策事業
ぎゅうにくざいこきんきゅうほかんたいさくじぎょう

2001年10月18日に始まった牛海綿状脳症（BSE）全頭検査前に処理された国産牛肉を買い上げる事業。対象は、12,626 t にのぼった。このうち適正とされたのは11,265 t 、不適正なものは140 t だった。

調整保管（食肉）
ちょうせいほかん（しょくにく）

食肉（牛肉・豚肉）価格が低迷している時に、生産者団体（JA全農や加工メーカー）などが価格が上がるまで食肉を買い上げ保管する制度。保管経費は国が負担し、価格が戻れば肉は市場で売却される。

全国配合飼料価格安定基金
ぜんこくはいごうしりょうかかくあんていききん

生産者、関係団体、国が積み立て、一定の要件のもとに価格差補てん金を生産者に支払い畜産経営の安定を図る価格補てん制度。四半期の輸入原料価格が直前1年間の平均価格を超える場合にその超える部分を限度に交付する通常補てん制度が一般的。このほか、配合飼料価格が異常に値上がりした際（平均と比べ115％を超えた場合）に通常補てんに加えて国とメーカーが2分の1ずつ拠出して補てん・交付される異常補てん制度もある。

地力増進基本指針

ちりょくぞうしんきほんししん

1998年制定の地力増進法に基づき、地力の増進を図るために農業者等に対して農林水産大臣が定める基本的な指針。土壌の性質の基本的な改善目標、土壌の性質を改善するための資材の施用に関する基本的な事項、耕うん整地その他地力増進に必要な営農に関する基本事項等を盛り込んでいる。

独立行政法人

どくりつぎょうせいほうじん

民営化にはなじまない公共的な事業を国の直営から切り離して効率的に運営する法人。1990年代後半の橋本龍太郎内閣の行政改革の一環で設立された。行政組織のスリム化を図る制度。アウトソーシングの一種で、イギリスの外庁（エージェンシー）がモデル。年度予算が余った場合は翌年度に繰り越せるなど予算の自由裁量は広がるが、運営を透明化して3年から5年ごとに事業内容を見直し、継続の是非が判断される。

政策評価

せいさくひょうか

事業の政策目的がどの程度達成されているかを評価し、事業の実施と政策立案に役立てるための制度。2001年1月の中央省庁などの再編に伴い全省庁に導入された。5年ごとに変更する食料・農業・農村基本計画に施策の評価を反映させる。目標設定や評価は政策担当部局で行い、政策評価第三者委員会等から評価にあたっての意見を聴取する。

普及指導手当

ふきゅうしどうてあて

普及指導員に対して支給される職務手当。2005年4月から導入された。都道府県は条例で定めるところにより、普及指導員に当該手当を支給できる。

法定受託事務

ほうていじゅたくじむ

法律またはこれに基づく政令により地方公共団体が処理することとされる事務のうち、国や都道府

県が本来果たすべき役割に係るものであって、国や都道府県においてその適正な処理を特に確保する必要があるもの。

人・農地プラン
ひと・のうちプラン

集落・地域が抱える人と農地の問題を解決するための「未来の設計図」。集落・地域の徹底的な話し合いを通じて「人と農地の問題」を一体的に解決し、持続可能な力強い農業を実現するためのもの。集落・地域の話し合いを元に市町村が原案を作成し、決定する。人・農地プランを作成している市町村の農業者等を対象にした国の支援措置がある。農地中間管理事業の推進に関する法律の2019年の改正で、農業委員会の積極的な関与など同プランの実質化が明記された。

経営再開マスタープラン
けいえいさいかいマスタープラン

青森、岩手、宮城、福島、茨城、千葉の6県の東日本大震災で津波の被害を受けた被災市町村等(指定50市町村)において、「人・農地プラン」の代わりに「農業の復興と発展」を目的に作成されるもの。経営再開マスタープランを作成している市町村の農業者等を対象にした国の支援措置がある。また、経営再開マスタープランの作成を支援する地域農業経営再開復興支援事業は2015年度限りで廃止され、以後は人・農地問題解決加速化支援事業で作成された「経営再開マスタープラン」を「人・農地プラン」とみなし、人・農地プランの見直し等を支援する。

農地利用集積円滑化事業
のうちりようしゅうせきえんかつかじぎょう

農地等の効率的な利用に向け、その集積を促進するため、2009年12月に施行された改正農地法により創設(農業経営基盤強化促進法に措置)された次の3事業のこと。
・農地所有者代理事業

農地等の所有者から委任を受けてその者を代理し、農地等について売り渡しや貸し付け等を行う事

業
・農地売買等事業

　農地等の所有者から農地等の買入れや借入れを行い、その農地等の売り渡しや貸し付けを行う事業
・研修等事業

　農地売買等事業により一時的に保有する農地等を活用して、新規就農希望者に対して農業の技術、経営の方法等に関する実地研修を行う事業。

　農地利用集積円滑化事業は、2019年の農地中間管理事業等改正法で、農地中間管理事業の実施区域を円滑化事業と同様に「市街化区域以外の区域」に拡大する等の措置を講じた上で農地中間管理事業に統合一体化された。

農業者戸別所得補償制度
のうぎょうしゃこべつしょとくほしょうせいど

　販売価格が生産費を恒常的に下回っている作物を対象として、その差額を交付することにより、農業経営の安定と国内生産力の確保を図るとともに、食料自給率の向上と農業の多面的機能の維持を目指して民主党政権下で創設された制度。米の所得補償金、米価変動補てん交付金、水田活用の所得補償交付金、畑作物の所得補償交付金が措置され、規模拡大加算等の各種加算措置があった。民主党から自民党への政権交代に伴い、2013年以降は「経営所得安定対策制度」へと名称変更された。

　→経営所得安定対策

農地集積協力金／機構集積協力金
のうちしゅうせきききょうりょくきん／きこうしゅうせききょうりょくきん

　農地集積協力金は、「人・農地プラン」の作成地域において、農地の6年以上の貸し付け等について10年以上の白紙委任を農地利用集積円滑化団体等に行った者に対して支払われる。経営転換協力金と分散錯圃解消協力金がある。2013年度まで実施。2014年度以降は農地中間管理機構の発足に伴い、「機構集積協力金」へと再編された。また、機構集積協力金は2019年の農地中間管理事業等改正法に併せて、地域集積協力金に重

点化・一元化されるとともに、交付単価の固定化、中山間地域への配慮措置が盛り込まれた。

農業次世代人材投資資金（青年就農給付金）

のうぎょうじせだいじんざいとうししきん（せいねんしゅうのうきゅうふきん）

　次世代を担う農業者となることを志向する者に対し、就業前の研修を後押しする資金（準備型〔2年以内〕）及び就農直後の経営確立を支援する（経営開始型〔5年以内〕）を交付する事業。

　農業技術および経営ノウハウの習得のための研修に専念する就農希望者を支援する準備型と経営リスクを負っている新規就農者の経営が軌道に乗るまでの間を支援する経営開始型がある。経営開始型は市町村が「人・農地プラン」を作成していることが要件になっている。

農の雇用事業

のうのこようじぎょう

　新規就農者の雇用就農を促進す

るため、農業法人等が就農希望者を雇用し、農業技術や経営ノウハウの習得を図る実践的な研修等を実施する場合に必要な経費の一部を支援する事業。

農地情報公開システム（全国農地ナビ）

のうちじょうほうこうかいシステム（ぜんこくのうちナビ）

　農地を貸したい・売りたい者が情報を登録し、借りたい・買いたい者が農地を検索するといったことがインターネット上でできるシステム。全国農業会議所が2015年4月から運営を開始。

　本システムより①経営規模の拡大や新規参入を希望する「農地受け手」が全国から希望の農地を探す②農地中間管理機構や市町村・農業委員会が農地集積・集約化に向けた調整活動に活用する――といったことが無料でできるようになった。

日本農業技術検定

にほんのうぎょうぎじゅつけんてい

　農業を学ぶ学生や農業を仕事に

したい人のための検定試験。農業高校、農業大学校、農学系の大学などの学生・生徒や就農準備校生、農業法人で新規就農や独立就農を目指す研修生、農業後継者などに対し、農業についての知識・技能の水準を客観的に評価し、教育研修の効果を高める事を目的として一般社団法人全国農業会議所が2007年度から実施している。現在、農林水産・文部科学両省が後援。受験者は年々増加し、2018年度は約27,000人がチャレンジした。学科試験と実技試験から構成され、学科試験は誰もが受験でき、学科試験(1級、2級)だけの受験も可能。学科試験だけの合格者には学科試験合格証明書を発行する。

農商工連携
のうしょうこうれんけい

地域経済活性化のため、その地域の特色ある農林水産物、美しい景観、長い歴史の中で培ってきた貴重な資源など、農林漁業者と商工業者が連携し、お互いの「技術」や「ノウハウ」を持ち寄って、新しい商品やサービスの開発・提供、販路の拡大などに取り組むもの。

水田フル活用
すいでんフルかつよう

水田を有効に活用し、食料自給率の向上を図る取り組み。農林水産省が2009年度から実施。水田のフル活用を推進するため、水田活用の直接支払交付金や各地域の再生協議会において作成する「水田フル活用ビジョン」に基づき交付される産地交付金など、転作に対する交付金が措置されている。需要の減少にあわせて主食用米の生産量を減らし、代わりに大豆・麦・飼料作物等の転作作物や主食用以外の新規需要米(米粉・飼料用米)等の生産を行う。

アニマルウエルフェア
アニマルウエルフェア

感受性を持つ生き物としての家畜に心を寄り添わせ、誕生から死を迎えるまでの間、ストレスをできる限り少なく、行動要求が満たされた、健康的な生活ができる飼

育方法をめざす畜産のあり方。欧州発の考え方で、日本では「動物福祉」や「家畜福祉」と訳されてきた。世界でも考えが浸透してきており、国内でもその考え方に対応した飼育管理指針などが作成、普及されている。

畜産クラスター事業

ちくさんクラスターじぎょう

　畜産・酪農の収益向上を図るため、措置された事業。畜産農家をはじめ、地域の関係事業者が連携・結集して畜産クラスター協議会を作り、地域ぐるみで高収益型の畜産の実現のための計画を定め、知事認定を経て国庫補助事業等を活用しながら計画に取り組む。

II 統 計

農 家 等 関 係

農業

のうぎょう

　耕種、養畜（養きん、養蜂を含む）または養蚕の事業をいう。なお、自家生産の農産物を原料にして農産加工を営んでいるものも農業に含める。販売を目的にした観賞用の鉢植えの植物の栽培は農業とするが、貸し鉢を目的とした栽培は農業としない。

農家

のうか

　経営耕地面積が10 a 以上の農業を営む世帯または農産物の過去1年間の総販売金額が15万円以上あった世帯。

農家以外の農業事業体

のうかいがいののうぎょうじぎょうたい

　経営耕地面積が10 a 以上または農産物の総販売金額が15万円以上

の農業を営む世帯（農家）以外の事業体（会社や任意組織など）のこと。

農業事業体

のうぎょうじぎょうたい

　農家と農家以外の農業を営む事業体で、経営耕地面積が10 a 以上あるものまたは経営耕地がそれ未満であっても調査期日前1年間の農産物販売金額が15万円以上あるものをいう。

専業農家

せんぎょうのうか

　世帯員の中に兼業従事者が1人もいない農家。

兼業農家

けんぎょうのうか

　世帯員のうち兼業従事者が1人以上いる農家をいい、①兼業農家

のうち農業所得の方が兼業所得よりも多い第1種兼業農家、②兼業農家のうち兼業所得の方が農業所得よりも多い第2種兼業農家に区分される。

第1種兼業農家
だいいっしゅけんぎょうのうか

　世帯員の中に兼業従事者が1人以上いる農家のうち、農業所得を主とする農家。

第2種兼業農家
だいにしゅけんぎょうのうか

　世帯員の中に兼業従事者が1人以上いる農家のうち、兼業の所得を主とする農家。

主業農家
しゅぎょうのうか

　農業所得が主（農家所得の50%以上が農業所得）で、65歳未満の農業従事日数が年間60日以上の世帯員がいる農家。

準主業農家
じゅんしゅぎょうのうか

　農外所得が主（農家所得の50%以上が農外所得）で、65歳未満の農業従事日数が年間60日以上の世帯員がいる農家。

副業的農家
ふくぎょうてきのうか

　主業農家、準主業農家以外の農家（65歳未満の農業従事日数が年間60日以上の世帯員がいない農家）。

自給的農家
じきゅうてきのうか

　経営耕地面積が30a未満かつ農産物販売金額が年間50万円未満の農家。

販売農家
はんばいのうか

　経営耕地面積が30a以上の農家または農産物の過去1年間の総販売金額が50万円以上あった農家。

土地持ち非農家

とちもちひのうか

　耕地および耕作放棄地を合わせて 5 a 以上所有しているが、経営耕作面積が10 a 未満でかつ農産物販売金額が15万円未満の世帯。

農業経営体関係

農業経営体
のうぎょうけいえいたい

　農産物の生産を行うかまたは委託を受けて農作業を行い、①経営耕地面積が30a以上②農作物の作付面積または栽培面積、家畜の飼養頭羽数または出荷頭羽数など、一定の外形基準以上の規模（露地野菜15a、施設野菜350㎡、搾乳牛1頭など）③農作業の受託を実施——のいずれかに該当するもの。

家族経営体
かぞくけいえいたい

　農業経営体のうち個人経営体（農家）および1戸1法人（農家であって農業経営を法人化している者）

組織経営体
そしきけいえいたい

　農業経営体のうち家族経営体に該当しない者。（P103も参照）

単一経営（経営体）
たんいつけいえい（けいえいたい）

　農産物販売金額のうち主位部門の販売金額が総販売金額の8割以上を占める経営体。稲作、麦類作、雑穀・いも類・豆類、工芸農作物、施設園芸、野菜類、果樹類、その他の作物、酪農、肉用牛、養豚、養鶏、その他の畜産、養蚕に区分される。

複合経営（経営体）
ふくごうけいえい（けいえいたい）

　単一経営経営体以外で、農産物販売金額のうち主位部門の販売金額が6割未満の経営体（販売のなかった経営体を除く）。

準単一複合経営（経営体）

じゅんたんいつふくごうけいえい（けいえいたい）

　単一経営経営体以外で、農産物販売金額のうち主位部門の割合が6割以上8割未満の経営体。

一戸一法人

いっこいちほうじん

　販売農家のうち農業経営を法人化しているもの。

例外規定農家

れいがいきていのうか

　農家のうち経営耕地面積による規定（10 a以上）には満たないが、調査期日前1年間における農産物販売金額が15万円以上の世帯。この場合の農産物販売金額の下限は5年ごとに行う農林業センサスにおいて決定している。

農 業 労 働 力 関 係

農業従事者

のうぎょうじゅうじしゃ

15歳以上の世帯員で年間1日以上自家の農業に従事した者。

農業専従者

のうぎょうせんじゅうしゃ

農業従事者のうち自営農業に従事した日数が年間150日以上の者。

基幹的農業従事者

きかんてきのうぎょうじゅうじしゃ

自営農業に主として従事した世帯員（農業就業人口）のうち、普段の主な状態が「主に仕事（農業）」である者。

経営者・役員等

けいえいしゃ・やくいんなど

その農業経営に責任を持つ者をいい、農産物の生産または委託を受けて行う農作業の時期の決定や、作物および家畜の出荷（販売）時期の決定といった、日常の農業経営における管理運営の中心となっている者をいう。

会社などにおける経営の責任者や役員、集落営農や協業経営の場合は構成員などをいうが、農業経営に対する出資のみを行っていて、実際の仕事に従事していない者は含まない。

雇用者

こようしゃ

農業経営のために雇った「常雇い」および「臨時雇い」（手間替え・ゆい〔労働交換〕、手伝い〔金品の授受を伴わない無償の労働〕を含む。）の合計をいう。

常雇い

じょうやとい

主として農業経営のために雇っ

た人で、雇用契約（口頭の契約でもかまわない。）に際し、あらかじめ7か月以上の期間を定めて雇った人（期間を定めずに雇った人を含む。）のことをいう。

臨時雇い
りんじやとい

日雇い、季節雇いなど農業経営のために臨時雇いした人で、手間替え・ゆい（労働交換）、手伝い（金品の授受を伴わない無償の労働）を含む。

なお、農作業を委託した場合の労働は含まない。

また、主に農業経営以外の仕事のために雇っている人が農繁期などに農業経営のための農作業に従事した場合や、7か月以上の契約で雇った人がそれ未満で辞めた場合を含む。

兼業従事者
けんぎょうじゅうじしゃ

15歳以上の農家世帯員のうち、調査期日前1年間に他に雇用されて仕事に従事した日数が30日以上

ある者および自営農業以外の自営業の販売金額が15万円以上ある自営業に従事した者。

農家人口
のうかじんこう

農家を構成する世帯員の総数をいう。

農家世帯員
のうかせたいいん

農家の世帯員のことをいう。世帯員とは生活の本拠がその家にある人のことで、出稼ぎ、行商、入院などで調査日現在、その家にいなくても生計を共にしている人や、世帯員との血縁または姻戚関係がなくても、一緒に住み生計を共にしている人はすべてその家の世帯員としている。通学、就職でよそに住んでいる子弟や住み込みの雇人は除く。

後継
あとつぎ

在宅している世帯員のうち、次の代でその家の世帯主になる予定

の者。農業後継者といった狭い意味のものではなく、その家の農業を継ぐ継がないを問わない。

農業就業人口
のうぎょうしゅうぎょうじんこう

　農業従事者のうち農業にだけ従事した者と、農業以外の仕事にも従事していて農業従事日数の方が多い者の合計。

農業従事人口
のうぎょうじゅうじじんこう

　15歳以上の世帯員のうち調査期日前1年間に自家の農業に少なくとも1日以上従事した者の合計。「農業従事者数」と同じ定義。なお「農業就業人口」は農業従事者のうち「農業のみの従事者」および「農業の従事日数の方が多い兼業者」をいう。

農業従事日数
のうぎょうじゅうじにっすう

　自営農業に従事した日数。

新規就農者関係

新規就農者
しんきしゅうのうしゃ

①新規自営農業就農者②新規雇用就農者③新規参入者のいずれかに該当する者をいう。

新規自営農業就農者
しんきじえいのうぎょうしゅうのうしゃ

家族経営体の世帯員で、調査期日前1年間の生活の主な状態が「学生」または「他に雇われて勤務が主」から「自営農業への従事が主」になった者。

新規雇用就農者
しんきこようしゅうのうしゃ

調査期日前1年間に新たに法人等に常雇い（年間7か月以上）として雇用されることにより、農業に従事することとなった者（外国人研修生および外国人技能実習生ならびに雇用される直前の就業状態が農業従事者であった場合を除く）。

新規参入者
しんきさんにゅうしゃ

調査期日前1年間に土地や資金を独自に調達（相続・贈与等により親の農地を譲り受けた場合を除く）し、新たに農業経営を開始した経営の責任者および共同経営者。

なお共同経営者とは夫婦が揃って就農、あるいは複数の新規就農者が法人を新設して共同経営を行っている場合における経営の責任者の配偶者またはその他の共同経営者をいう。

新規学卒就農者
しんきがくそつしゅうのうしゃ

新規就農者のうち、自営農業就農者で「学生」から「自営農業へ

の従事が主」になった者および雇
用就農者で雇用される直前に「学
生」であった者。

農 家 経 済 関 係

総所得
そうしょとく

農業所得、農業生産関連事業所得、農外所得、年金等の収入の和。

農業所得
のうぎょうしょとく

農業経営によって得られた総収益額である農業粗収益から、農業粗収益をあげるために要した一切の経費である農業経営費を差し引いたもの。

農業経営関与者
のうぎょうけいえいかんよしゃ

農業経営主夫婦のほか、年間60日以上当該経営体の農業に従事する世帯員である家族をいう。

なお、15歳未満の世帯員および高校・大学等へ就学中の世帯員は、年間の自営農業従事日数が60日以上であっても農業経営関与者とは

しない。

農業生産関連事業所得
のうぎょうせいさんかんれんじぎょうしょとく

農業経営関与者が経営する農産加工、農家民宿、農家レストラン、観光農園等の農業に関連する事業の収入（農業生産関連事業収入）から同事業に要した雇用労賃、物財費等の支出（農業生産関連事業支出）を差し引いたもの。

農外所得
のうがいしょとく

農業経営関与者の自営兼業収入、給料・俸給（農外収入）から農業経営関与者の自営兼業支出、通勤定期代等（農外支出）を差し引いたもの。

農外収入

のうがいしゅうにゅう

　農業経営関与者が経営権を持っている農業および農業生産関連事業以外の事業の収入、農業経営関与者が他の経営に雇用されて受け取る給料・俸給等のほか、農業経営関与者が受け取る歳費・手当、配当利子等、貸付地の小作料ならびに地代収入などの収入。

農家所得

のうかしょとく

　農産物の生産・販売などにより得られる農業所得、農業者が行う農産加工・農家レストランなどにより得られる農業生産関連事業所得、それら以外の事業・兼業などにより得られる農外所得、受け取る年金などの収入を加えたもの。

年金等の収入

ねんきんとうのしゅうにゅう

　農業経営関与者が受け取る年金および各種社会保障制度による給付金、退職金、各種祝い金および見舞金を計上したもの。

農家総所得

のうかそうしょとく

　農業所得、農業生産関連事業所得、農外所得、年金などの収入の合計。

生産農業所得

せいさんのうぎょうしょとく

　農業粗生産額から経費を差し引き、補助金を加えたもの。

農外支出

のうがいししゅつ

　農外収入をあげるために要した支出および負債利子。

農業粗収益

のうぎょうそしゅうえき

　農業経営の成果である農産物などの販売収入、現物外部取引額、農業生産現物家計消費額、農作業受託収入などの収入。なお経営安定対策などの補てん金・助成金については農業雑収入に、販売価格の一部として交付される助成金などについては当該農産物の販売収入に含まれる。

農産物販売金額

のうさんぶつはんばいきんがく

　農産物の販売金額（粗収益）。

農業所得率

のうぎょうしょとくりつ

　農業所得の農業粗収益に対する割合。農業粗収益のうち、どれだけ農業所得として実現するかを示す指標。農業所得率（％）＝（農業所得÷農業粗収益）×100。

農業経営費

のうぎょうけいえいひ

　農業粗収益をあげるために要した資材や料金など一切の費用。

農業固定資本額

のうぎょうこていしほんがく

　建物、自動車、農機具、植物、動物など（土地を除く）、農業生産過程に固定されて繰り返し使用される資本財の価値額。

全算入生産費

ぜんさんにゅうせいさんひ

　生産費に支払利子、支払地代、自作地地代、自己資本利子を加えた全額算入生産費。

生産費

せいさんひ

　農産物を生産するために消費した費用合計（物財費と労働費）から副産物価額を控除したもの。

労働費

ろうどうひ

　家族労働費と雇用労働費の合計。

家族労働費

かぞくろうどうひ

　家族労働時間に「毎月勤労統計調査」（厚生労働省）の「建設業」「製造業」および「運輸業、郵便業」に属する5人から29人規模の事業所における賃金データ（都道府県単位）を基に算出した単価を乗じて評価したもの。

雇用労働費

こようろうどうひ

　農産物を生産するために雇い入

れた年雇、季節雇、日雇などの雇用労働に支払った賃金。賄いや現物支給の場合は時価で評価している。また賃金とは別の謝礼金も含む。

物財費
ぶつざいひ

　農産物を生産するために消費した流動財費（種苗費、肥料費、農業薬剤費、光熱動力費、その他の諸材料費など）と固定財（建物、自動車、農機具、生産管理機器の償却資産）の減価償却費の合計。

農業純生産
のうぎょうじゅんせいさん

　農業粗収益からすでに他産業などで生産された価値である物財費（雇用労賃、支払小作料および負債利子を含まない農業経営費）を差し引いたものをいい、農業生産によって新たに生み出された付加価値額である。農業純生産は地代、利子として支払われた部分も含んだ農業生産に投入した生産要素（土地、労働、資本）に帰属す

る報酬であり、理論的には労働報酬、地代、利潤の合計である。

農業総生産
のうぎょうそうせいさん

　国内総生産（GDP）のうち農業が生み出した付加価値額。

農業産出額
のうぎょうさんしゅつがく

　耕種および畜産の農業生産で得られた農産物と加工農産物について、生産量に農家庭先価格を乗じたもの（2000年まで「農業粗生産額」という名称を使用）。

農業粗生産額
のうぎょうそせいさんがく

　→農業産出額。

農業総産出額
のうぎょうそうさんしゅつがく

　農業生産活動による最終生産物の総産出額であり、農産物の品目別生産量から、二重計上を避けるために種子、飼料などの中間生産物を控除した数量に、当該品目別

農家庭先価格を乗じて得た額を合計したもの。

農業依存度
のうぎょういぞんど

農家所得に占める農業所得の割合をいい、農家所得のうちどれだけが農業所得に依存しているかを示す指標である。(農業依存度〔%〕＝〔農業所得÷農家所得〕×100)

生産現物家計消費
せいさんげんぶつかけいしょうひ

自家で生産した農産物、畜産物、林産物および自家加工品（自家製みそ、しょうゆ、つけもの）などで直接家計に仕向けたもの。農家は自家生産の農畜産物を家計に仕向けることが多く、その家計費に占める割合が大きいのが一般勤労者家計と異なる。したがって農家家計では生産現物家計消費額を家計費に合算する。

推定家計費
すいていかけいひ

農家の世帯員が消費生活のために要したすべての費用をいい、その世帯が毎年恒常的に消費するもののほか冠婚葬祭費などのような臨時的な費用を含めたもの。（推定家計費＝都道府県庁所在市別1人当たり年平均の消費支出×家計費推計世帯員数＋生産現物家計消費額＋減価償却費〔家計負担分〕）

農業物価指数
のうぎょうぶっかしすう

農家が販売する「農産物の生産者価格」および農家が購入する「農業生産資材価格」を調査し、農業における投入・産出の価格変動を測定するもの。農業物価指数には農家の受取価格に関する農産物価格指数と、農家の支払価格に関する農業生産資材価格指数の2つがある。農産物価格指数は農村における農産物の価格水準を把握するため、農家の販売する個々の農産物の生産者価格を指数としてあらわしたもの。農業生産資材価格指数は農村における農業生産資材の物価水準を把握するため、農家の購入する農業生産資材の小売価格

を指数としてあらわしたものである。

農業交易条件指数
のうぎょうこうえきじょうけんしすう

　農産物価格指数を農業生産資材価格指数で割って100を掛けた指数。生産の有利性を示す数値で、高いほど生産者にとって生産状況が有利である。100で中立的状況を示す。

経営耕地面積
けいえいこうちめんせき

　農家が経営している耕地のことであり、農家所有の耕地（自作地）に、借りて耕作している耕地（借入耕地）を加えた面積。けい畔を含む。

経営耕地
けいえいこうち

　農家が経営する耕地（けい畔を含む田、樹園地、畑の合計）をいい、自作地と借入耕地に区分される。

借入耕地
かりいれこうち

　他人から耕作を目的に借り入れている土地。普通の借入地のほか、請負耕作（経営受委託）している耕地、また小作をしている場合、共有の耕地を分割して耕作している場合、河川敷などの官公有地を個人的に利用している場合など、自己所有地以外のすべての耕地を含む。農林業センサスでは過去１年間に２作以上した耕地で、うち１作だけの期間借り入れしたものは貸し付けた側の経営耕地としており、借入耕地とはしない。過去１年間に１作しかしなかった耕地で、その１作の期間を借りていた場合は借り受けた側の経営耕地（借入耕地）とする。

貸付耕地
かしつけこうち

　他人に貸し付けている自己所有耕地。

作付面積

さくつけめんせき

　非永年性作物を播種または植え付けし、おおむね１年以内に収穫された作物の利用面積。

耕地率

こうちりつ

　総土地面積に対する耕地面積の割合。耕地率（％）＝耕地面積／総土地面積×100（％）

耕地利用率

こうちりようりつ

　どのくらい耕地を有効利用しているかをみるため、作付延べ面積÷耕地面積で計算。作付延べ面積とは、すべての作物の作付（果樹、茶などの場合は栽培）面積の合計。同じ田や畑に、１年に２回以上作物を栽培する場合はそれぞれの面積を合計。その結果、作付面積の合計（作付延べ面積）が耕地面積より多くなれば、耕地利用率は100％を超える。

可住地宅地等比率

かじゅうちたくちとうひりつ

　可住地面積に対する可住地面積から耕地面積を差し引いた面積の割合。（可住地面積－耕地面積）／可住地面積×100（％）

可住地面積

かじゅうちめんせき

　総土地面積から林野面積および湖沼面積を差し引いた面積

生産費調査

せいさんぴちょうさ

　農産物を作るのに、費用はどれだけかかるかなどを調べる調査。生産に必要な資材を資金を借り入れて購入したとして、また家族で働いても人を雇ったと仮定し、その費用を計算する。農薬費や肥料費など実際にお金を支払ったもののほか、家族労働費、自己資本利子、自作地地代等を費用に加えるのはそのため。

農業地域類型関係

農業地域類型区分
のうぎょうちいきるいけいくぶん

　「農林業センサス」において地域農業の特性を明らかにするため、地域農業の構造を規定する基盤的な条件（DID面積、人口密度、宅地、耕地、林野の割合）に基づき市町村を区分したもの。「都市的地域」「平地農業地域」「中間農業地域」「山間農業地域」に区分される。「中山間地域」とは「中間農業地域」と「山間農業地域」を合わせた地域をいう。

　→DID（人口集中地区）

都市的地域
としてきちいき

　可住地に占めるDID面積が5％以上で、人口密度500人／㎢以上またはDID人口2万人以上の市区町村および旧市区町村。可住地に占める宅地等率が60％以上で、人口密度500人／㎢以上の市区町村および旧市区町村。ただし林野率80％以上のものは除く。

平地農業地域
へいちのうぎょうちいき

　耕地率20％以上かつ林野率50％未満の市区町村および旧市区町村。ただし傾斜1/20以上の田と傾斜8度以上の畑との合計面積の割合が90％以上のものを除く。耕地率20％以上かつ林野率50％以上で、傾斜1/20以上の田と傾斜8度以上の畑の合計面積の割合が10％未満の市区町村および旧市区町村。

中間農業地域
ちゅうかんのうぎょうちいき

　耕地率が20％未満で、「都市的地域」および「山間農業地域」以外の市区町村および旧市区町村。

耕地率が20％以上で、「都市的地域」および「平地農業地域」以外の市区町村および旧市区町村。

山間農業地域

さんかんのうぎょうちいき

　林野率80％以上で耕地率10％未満の市区町村および旧市区町村。

中山間地域

ちゅうさんかんちいき

　統計においては、中間農業地域と山間農業地域をあわせた地域。日本の国土面積の約7割が中山間地域。同地域の農業は全国の耕地面積の約4割、総農家数の約4割を占めるなど、わが国農業の中で重要な位置を占めている。

DID（人口集中地区）

ディアイディ（じんこうしゅうちゅうちく）

　原則として人口密度が4,000人／km²以上の基本単位区が市区町村内で互いに隣接して、それらの隣接した地域の人口が5,000人以上を有する地区をいう。

特定農山村地域

とくていのうさんそんちいき

　地理的条件が悪く、農業の生産条件が不利な地域で、土地利用の状況、農林業従事者数などからみて農林業が重要な事業である地域として一定の要件に該当する区域。「特定農山村地域における農林業等の活性化のための基盤整備の促進に関する法律（特定農山村法）」第2条第4項の規定により公示された市町村。

　→特定農山村法

その他統計一般関係

転作
てんさく

米の生産調整の実施に伴い、水田に主食用の米以外の作物を作付けること。

等級
とうきゅう

農産物の品質の良否による区分。米（玄米）については成熟度・水分・損傷の度合い、形質、着色の状況などから1〜3等級に区分され、これらに不適合なものを規格外としている。また大豆については、大きさ、水分、損傷の度合いなどから1〜3等級に区分され（特定の加工用途に供されるものは別途基準により「特定加工大豆」に区分）、これらに適合しないものを規格外としている。

米穀年度
べいこくねんど

当該年に生産された米の一般的な出荷・販売などに応じた年度の設定であり、前年11月1日から当年の10月31日までの1年間をいう。

出穂期
しゅっすいき

穂先が葉鞘から現れた状態を出穂という。1枚の圃場では出穂すると思われる全茎数の40〜50%が出穂した期日をいう。

水稲10a当たり平均収量
すいとうじゅうアールあたりへいきんしゅうりょう

生産量統計において作柄の良否などを分かりやすく表示する基準。原則として直近7か年のうち、最高と最低を除いた5か年の平均値をいう。平年収量は「作物の栽

培開始以前に、その年の気象推移や被害発生状況を平年並みとみなし、最近の栽培技術の進歩度合いや作付け変動を考慮し、実収量のすう勢をもとに作成した、その年に予想される10a当たりの収量」で、全国および都道府県別に算定されている。

作況指数

さっきょうしすう

　米の作柄の良否を表す指数で、その年の10a当たり平年収量に対する10a当たり（予想）収量の比率で表す。指数99〜101を「平年並み」とし、102〜105が「やや良」、106以上が「良」で、逆に95〜98が「やや不良」、94以下が「不良」、90以下が「著しい不良」となっている。

　10a当たり平年収量は、作物の栽培を開始する以前に、その年の気象の推移や被害の発生状況などを平年並みとみなし、最近の栽培技術の進歩の度合いや作付変動などを考慮し、実収量のすう勢を基に作成したその年に予想される10a当たり収量を言う。

収穫量

しゅうかくりょう

　農作物などを収穫した分量のこと。野菜および果樹では収穫量を出荷する時の状態から決める。ダイコン出荷形態が葉付きのときは収穫量も葉付きで計測（計量）することを原則とする。

収量構成要素

しゅうりょうこうせいようそ

　収量を構成する（計算するための）要素。水稲の場合、（1㎡当たりの穂数）×（1穂当たり籾数）×（登熟歩合）×（千粒重）で表す。

水田整備率

すいでんせいびりつ

　30a区画程度以上に整備済みの面積の全水田面積に対する割合。

出作

でさく

　農家が自分の住んでいる集落外（市町村外）の農地を耕作するこ

と。

入作

いりさく

　農地がある集落（市町村）から
みた場合、集落外からその農地に
来て耕作すること。

農林業センサス

のうりんぎょうセンサス

　わが国農林業の生産構造や就業
構造、農山村地域における土地資
源など農林業・農山村の基本構造
の実態とその変化を明らかにし、
農林業施策の企画・立案・推進の
ための基礎資料となる統計を作成
し、提供することを目的に5年ご
とに行う調査。国勢調査の農業版
で、すべての農家が対象。国連食
糧農業機関（FAO）が提唱した
1950年世界農業センサスに参加し
たことで基礎が固まった。従来、
西暦の末尾が「0」の年に実施す
るものを「世界農林業センサス」
と呼んでいたが、2020年センサス
からは末尾「5」の年と同様に「農
林業センサス」に名称が統一され

た。

食料産業

しょくりょうさんぎょう

　農業、林業（キノコ類やクリ等
の特用林産物に限る）、漁業、食
品工業、資材供給産業、関連投資
（農業機械、漁船、食料品加工機
械などの生産や農林漁業関連の公
共事業などの投資）、飲食店、こ
れらに関連する流通業を包括した
産業で、産業連関表や国民経済計
算に準拠して農林水産省が作成し
ている農業・食料関連産業の経済
計算において推計の対象とする産
業。

食料自給率

しょくりょうじきゅうりつ

　国内の食料消費について国産で
どの程度賄えているかを示す指
標。各品目を基礎的な栄養素であ
るエネルギーまたは経済的価値で
ある金額という共通の「ものさし」
で総合化して、食料全体の総合的
な自給度合いを示す。わが国は通
常、カロリーベース（供給熱量）

の総合食料自給率を採用している。2018年度食料自給率（カロリーベース）は37％だった。

食料自給力
しょくりょうじきゅうりょく

　国内農林水産業が有する食料の潜在生産能力を表す概念。

　農産物は農地・農業用水などの農業資源、農業技術、農業就業者から、また水産物は潜在的生産量、漁業就業者から構成される。

　食料安全保障に関する国民的な議論を深めていくために、2015年3月に閣議決定された「食料・農業・農村基本計画」において初めて食料自給力の指標化を行った。食料自給率が1997年度以降20年間、40％前後の横ばいで推移する中、食料自給力は近年、低下傾向にあり、将来の食料供給能力の低下が危惧される状況にある。

食料自給力指標
しょくりょうじきゅうりょくしひょう

　国内の農地等をフル活用した場合、国内生産のみでどれだけの食料を生産することが可能か（食料の潜在生産能力）を試算した指標。

　食料自給力指標については現在の食生活とのかい離度合いなどを考慮し、以下の4パターンを示すこととされている。

パターンA：栄養バランスを一定程度考慮して、主要穀物（米、小麦、大豆）を中心に熱量効率を最大化して作付けする場合

パターンB：主要穀物（米、小麦、大豆）を中心に熱量効率を最大化して作付けする場合

パターンC：栄養バランスを一定程度考慮して、いも類を中心に熱量効率を最大化して作付けする場合

パターンD：いも類を中心に熱量効率を最大化して作付けする場合

供給熱量
きょうきゅうねつりょう

　国民に対して供給される総熱量。農林水産省が毎年公表する「食料需給表」の数値が用いられる。

国土調査

こくどちょうさ

　国土の開発、保全、利用の高度化を図るため、国土の実態を科学的、総合的に調査することを目的に、1951年に制定された国土調査法に基づいて実施しているもので、地籍調査、土地分類調査、水調査の３つの調査がある。

地籍調査

ちせきちょうさ

　わが国は1951年から「地籍調査」として国家基準点に基づく調査を全国的に実施している。１筆ごとの土地の所有者、地番、地目を調査するとともに、境界の位置および面積について測量を行うもの。その結果は登記所にも送られ、登記簿の記載が修正され、地図が更新される。おもな実施主体は市町村となっているが、都道府県や土地改良区なども実施することができる。2018年度末現在、52％の進捗率にとどまっている。

貿易統計

ぼうえきとうけい

　輸出入商品の流れを税関段階でとらえ、税関のデータに基づいて作成される。毎月の輸出入数量や金額を商品別、国別、地域別に分類して財務省から発表される。輸出額は本船渡し（FOB）価格、輸入額は保険料・運賃込み（CIF）価格により集計される。

寄与度

きよど

　統計数値を構成している各個別の要素の増減がどの程度貢献しているのかを表す数値。【例】農業総産出額の対前年増減率に対する米の寄与度（％）＝（当年の米の産出額−前年の米の産出額）÷前年の農業総産出額×100

Ⅲ　担い手・経営・集落営農

1　税

青色申告

あおいろしんこく

　農業などの事業所得や不動産所得、山林所得を得ている個人が事前に税務署長の承認を受け、青色の申告用紙で行う確定申告・修正申告のこと。財務省令で定める複式簿記による帳簿の作成が義務づけられるが、一般の白色の申告用紙で納税申告する場合に比べて、事業専従者給与の全額が必要経費に算入できたり、青色申告特別控除、減価償却費の特例、家事関連費の必要経費の算入特例などの特典がある。

圧縮記帳

あっしゅくきちょう

　法人税法上認められている措置で、法人が資産を取得して一定の要件を満たした場合に、その取得した資産の帳簿価額を低く(圧縮)

して計上することにより、資産の取得時の課税額を抑えることができる。

複式簿記

ふくしきぼき

　すべての取引を「貸方勘定科目」と「借方勘定科目」とに分けて記帳する帳簿記入の方法で、企業の経済取引を「原因」と「結果」の2側面から把握することで財産計算と損益計算とを同時に行うことを可能にする。

簡易簿記

かんいぼき

　青色申告の簿記記帳のの一つ。取引のうち売上・仕入・経費など特定事項のみを記帳する方法。単式簿記と呼ばれている。出納帳・売掛帳・買掛帳・経費帳・固定資産台帳の基本5帳簿のみの記帳で

事業の損益を把握できる。簿記の専門的な知識が必要ないため小規模事業者に適する記帳方法。

可処分所得
かしょぶんしょとく

　所得から租税公課諸負担を差し引き、年金や補助金などの移転(振替)所得を加えたもので、経済主体(農家)が、消費や貯蓄などに自由に振り向けられる所得。農業経営動向統計では、農家総所得から租税公課諸負担を差し引いた額をいう。

消費税
しょうひぜい

　農産物など商品の販売や役務(サービス)の提供などに対して課税される間接税。基準期間(個人は前々年、法人は前々事業年度)における課税売上高が1,000万円を超える事業者が課税事業者となる。2019年10月から標準税率10%(国7.8%、地方2.2%)に引き上げられ、飲食料品等に対しては軽減税率制度を実施。軽減税率(飲食

料品等)は8%(国6.24%、地方1.76%)。消費税の納付税額は売上に対する税額から、仕入れに含まれる税額を差し引いて計算する。

事業者免税点制度
じぎょうしゃめんぜいてんせいど

　基準期間(課税期間の前々年)の課税売上高が1,000万円以下の小規模事業者は消費税の免税事業者となり、納税義務が免除される制度。2011年の消費税法改正によって、個人事業者については13年分より、基準期間の課税売上高が1,000万円以下であっても特定期間(課税期間の前年の1月1日から6月30日まで)の課税売上高が1,000万円を超えた場合には(課税売上高に代えて給与等支払額の合計額により判定することも可)課税対象者となる。ただし、農業施設等の大きな投資を行う場合、課税事業者なることを選択して消費税の還付を受けることができる。

簡易課税制度

かんいかぜいせいど

　基準期間における売上高が5,000万円以下の事業者は、実際の課税仕入れ、課税売上の計算をすることなく、一定のみなし仕入れ率（農林漁業は70％。2019年10月から80％に引き上げ）で消費税を計算することができる。

課税売上高

かぜいうりあげだか

　農産物などの売上金額（消費税抜き）から割引・リベート、返品などで減額した分を差し引いたものが課税売上高。倉庫経営などの事業収入がある場合も含まれる。農地の売却・貸付収入、共済金、各種補てん金などは含まれない。

課税仕入高

かぜいしいれだか

　課税仕入高は肥料・農薬、農業機械、ハウス建設費、農協手数料などで構成される。農地の購入代金、雇用者への賃金などは含まれない。

貸借対照表

たいしゃくたいしょうひょう

　一定時点における財政状態を明らかにするための財務諸表（決算書）。決算日における現金、土地などの資産と借入金などの負債および資本の内容と金額を示す。

損益計算書

そんえきけいさんしょ

　一定期間の経営成績を、収益からそれに要した費用を差し引く形で、損益の発生原因とその純利益を明らかにする報告書。

生前一括贈与

せいぜんいっかつぞうよ

　農業を経営する個人がその推定相続人のうちの1人に対して一括して農地のすべてを贈与すること。生前一括贈与した場合、一定の要件の下で農地についての贈与税が猶予される。

農地等の贈与税納税猶予制度

のうちとうのぞうよぜいのうぜいゆうよせいど

　農業後継者に農地等を生前一括

贈与した場合、贈与税の納税を贈与者の死亡時（受贈者が贈与者よりも先に死亡した場合にはその時点）まで猶予し、その時点で納税猶予額を免除して相続税に切りかえる制度。贈与者の要件は贈与の日までに引き続き３年以上農業を営んでいた個人。受贈者の要件は贈与者の推定相続人の１人で年齢が18歳以上、受贈の日まで引き続き３年以上農業に従事しており、受贈後速やかにその農地等に係る農業経営を行うこと、認定農業者等であること。

農地等の相続税納税猶予制度
のうちとうのそうぞくぜいのうぜいゆうよせいど

　農業を営んでいた被相続人から農地等を相続して農業を継続する場合、農地等の価額のうち、農業投資価格を超える部分に対する相続税の納税を猶予する制度。その納税猶予額は①農業相続人が死亡②農業相続人が自作または農地中間管理事業、農地利用集積円滑化事業、農業経営基盤強化促進法の利用権設定等促進事業による貸し付けにより農地としての利用を終身継続（三大都市圏特定市の市街化区域内農地は20年間営農を継続）③全特例農地を後継者に生前一括贈与したときに免除される。

相続税・贈与税納税猶予の特定貸付け
そうぞくぜい・ぞうよぜいのうぜいゆうよのとくていかしつけ

　市街化区域外の農地または採草放牧地を①農地中間管理事業②農地利用集積円滑化事業③農業経営基盤強化促進法に規定する利用権設定等促進事業により貸し付けた場合には、当該貸し付けはなかったもの、農業経営を廃止していないものとみなして、納税猶予の特例の継続適用が認められる仕組み。相続税と贈与税で対象者などの適用要件が一部異なるので注意が必要。

相続税・贈与税納税猶予の営農困難時貸付け

そうぞくぜい・ぞうよぜいのうぜいゆうよのえいのうこんなんじかしつけ

　納税猶予の適用を受ける相続人（相続税）または受贈者（贈与税）が、精神障害や身体障害などにより営農が困難な状態となり、かつ特定貸付けが出来ない場合に、特例農地等について農業経営基盤強化促進法に規定する事業などにより貸し付けたときは、当該貸し付けはなかったもの、農業経営は廃止していないものとみなして、納税猶予の特例の継続適用が認められる仕組み。

相続時精算課税制度

そうぞくじせいさんかぜいせいど

　65歳以上の親から20歳以上の推定相続人（代襲相続人を含む）に生前贈与を行う場合、相続人1人につき2,500万円（住宅資金の贈与を受けた場合は非課税枠との組み合わせで最高5,500万円）を控除し、これを超える部分には一律20％を課税する制度で、2003年度に創設。相続時に生前贈与分と合算して相続税額を計算する。通常の贈与にはない高額の控除と低税率に加え、仮に贈与税を支払っても相続時に精算されるため有利（相続税が課税される相続人は全体の8％であり、精算時に還付される可能性が高い）。

相続税（贈与税）の納税猶予に関する適格者証明

そうぞくぜい（ぞうよぜい）ののうぜいゆうよにかんするてきかくしゃしょうめい

　相続税（贈与税）の納税猶予の申請の際に税務署に提出する添付書類の一つ。農業委員会で発行する。

引き続き農業経営を行っている旨の証明

ひきつづきのうぎょうけいえいをおこなっているむねのしょうめい

　相続税（贈与税）の納税猶予の特例の適用を受けている農業相続人（受贈者）が特例適用農地等に係る農業経営を引き続き行っていることの証明。納税猶予の特例の

適用を受けている農業相続人（受贈者）は特例を受けてから３年ごとにこの証明書を税務署に提出しなければならない。

寄与分
きよぶん

　民法上認められている権利で被相続人の事業に関する労務の提供または財産上の給付、被相続人の療養看護その他の方法により被相続人の財産の維持または増加につき特別の寄与をした者をいう。相続人全員の話し合いで決められるが、まとまらなければ家庭裁判所の調停・審判によって決められる。

相続の遺留分
そうぞくのいりゅうぶん

　配偶者および子に認められている最低限度の相続権。仮に、被相続人が特定の相続人に法定相続分を超える相続を遺言していた場合でも、その他の相続人には遺留分を相続する権利がある。相続人に配偶者と子供がいる場合は法定相続財産の２分の１。直系尊属（父母、祖父母）だけの場合は３分の１。兄弟には遺留分はない。ただし遺留分は請求しないと効力を発揮しない。

損金算入
そんきんさんにゅう

　法人が収益を得るために支出した仕入れに要する費用などの経費を必要経費（損金）として計上すること。

割増償却制度
わりまししょうきゃくせいど

　機械、施設などの減価償却費を普通に計算した金額（法定償却額）よりも割増して計上できる制度。

減価償却費の割増計上
げんかしょうきゃくひのわりましけいじょう

　→割増償却制度

家族労働報酬
かぞくろうどうほうしゅう

　農業所得から自作地地代と自己資本利子を取り除いたもの。農業経営における家族労働に帰属する

成果を表わす指標。家族労働報酬
＝粗収益－（費用合計＋支払利子
＋自己資本利子＋支払い地代＋自
作地地代－家族労働費）

損益分岐点分析・損益分岐点比率

そんえきぶんきてんぶんせき・そんえきぶんきてんひりつ

　売上高と費用、利益との関係を
分析する手法であり、経営の継続
のための利益計画を策定する際の
有効な手法の一つ。売上高と費用
が等しく、利益も損失も生じない
採算点を「損益分岐点」、それに
対応した売上高を「損益分岐点売
上高」といい、この損益分岐点売
上高以上の売上高をあげることに
よって始めて利益が発生する。ま
た実際の売上高に対するこの損益
分岐点売上高の比率を見たものを
「損益分岐点比率」といい、この
値が低いほど収益力が高く、経営
が安定していることを示す。

軽減税率、軽減税率制度

けいげんぜいりつ、けいげんぜいりつせいど

　特定の品目の課税率を他の品目
に比べて低く定めること、または

その制度。

　2019年10月に実施された消費税
の10％への移行時には、低所得者
対策として食料品や新聞などが軽
減税率対象品目となり、税率は
8％のまま据え置かれた。

インボイス制度

インボイスせいど

　2023年10月から導入される消費
税の仕入税額控除の際に必要とな
る手続要件のこと。正式名称は「適
格請求書等保存方式」。具体的に
は、課税事業者（消費税を納める
義務のある事業者）が発行するイ
ンボイス（適格請求書）に記載さ
れた消費税額のみを仕入税額控除
の対象とすることができる制度。

2　担い手・経営体・法人

担い手

にないて

　今後の農業を中心となって支え、推し進めていく人のことで、各制度や事業でそれぞれ規定されている。例えば制度資金関連では認定農業者（要簿記記帳）、認定新規就農者のほかいくつかの条件を満たす者となっている。

経営体

けいえいたい

　効率的かつ安定的な農業経営の基本指標で示した目標を可能とするもの。個別経営体と組織経営体があるが、いずれも主たる農業従事者が他産業従事者と均衡する年間総労働時間と地域の他産業並みの年間所得水準を確保できるような農業経営を行い得るもの。

認定農業者

にんていのうぎょうしゃ

　農業経営基盤強化促進法に基づいて、効率的で安定した農業経営を目指すため作成する「農業経営改善計画書」（5年後の経営目標）を市町村に提出して認定を受けた農業者をいう。経営改善計画の達成を支援するためスーパーL資金などの低利融資制度、税制特例、農地利用集積の支援、基盤整備事業などの各種施策を重点的に実施する。認定は1993年度から行われており、5年ごとに再認定を受ける。2012年度からは農林水産省が策定した「新たな農業経営指標」をもとに経営の自己チェックを行うこととされた。2018年3月末現在の認定数は240,665、うち法人は23,648。

いきいきファーマー
いきいきファーマー

　認定農業者の愛称。認定農業者の支援活動を行っている全国農業会議所などが、農業経営の改善に取り組む認定農業者の存在を広く国民に知らせ、消費者からも応援してもらおうと2003年に愛称を公募。2,500件を超える応募があり、同年10月に岐阜県で開かれた第6回全国認定農業者サミットで決定した。

農業経営改善計画
のうぎょうけいえいかいぜんけいかく

　おおむね5年後を目指した「農業経営規模の拡大」「生産方式の合理化」「経営管理の合理化」「農業従事の態様の改善」など大きく四つの目標と、その目標達成のための措置を記載した農業経営の改善計画書。効率的かつ安定的な農業経営を目指す農業者が自ら作成し、市町村が基本構想に照らして認定し、その計画が達成されるように農業関係機関等が一丸となって支援する（農業経営基盤強化促進法に基づく認定農業者制度）。

農業生産組織
のうぎょうせいさんそしき

　複数（2戸以上）の農家が農業生産過程における一部もしくは全部についての共同化・統一化に関する協定の下に結合している生産集団または農業経営や農作業を組織的に受託する集団。具体的には栽培協定、機械・施設の共同利用、農作業などの受託のいずれかを行う集団および協業経営を行う集団。

農業生産者団体
のうぎょうせいさんしゃだんたい

　生産・出荷・販売の合理化、有利な展開のために農家が加盟し、結成している任意の生産者団体。農業生産組織、実行組合、農協傘下の専門部などあるいは酪農組合、肉用牛組合、果樹組合、花き組合、農産加工組合などのことである。

個別経営体

こべつけいえいたい

　個人または１世帯によって農業が営まれる経営体。「効率的かつ安定的な農業経営の基本指標」では他産業並みの労働時間で地域の他産業従事者とそん色のない生涯所得を確保できる経営を行い得るもので、これに係る営農類型ごとの農業経営指標の前提となる労働力構成については標準的な家族農業経営を想定して主たる従事者１人、家族補助従事者１〜２人とする。

自己完結型農業

じこかんけつがたのうぎょう

　農産物の生産・収穫から加工・販売までを個別に行う経営。大規模農家などが農業用機械などをすべて所有して営む。それに対し数戸の農家で機械などを共同所有したり、経営をともにする共同経営体がある。

家族経営協定

かぞくけいえいきょうてい

　家族農業経営内において家族一人ひとりの役割と責任が明確となり、それぞれの意欲と能力が十分に発揮できる環境づくりのために、農業経営を担っている世帯員相互間のルールを家族間の話し合いを基に文書にして取り決めたもの。経営の役割分担、収益分配、就業条件、将来の経営移譲などの項目を含む。

スケールメリット

スケールメリット

　経営規模の拡大につれて単位当たりの費用が低下することなど、規模を大きくすることで得られる利益を指す和製英語。

営農経費節減効果

えいのうけいひせつげんこうか

　営農技術体系や経営規模などが変化することに伴って作物生産に要する費用が節減される効果（土地改良事業の実施前と実施後の営農技術体系の労働費、機械経費の

差による）。

複合化
ふくごうか

　稲作など一部門単一の農業経営ではなく、稲作と果樹・野菜、畜産など複数部門による農業経営を行うこと。

組織経営体
そしきけいえいたい

　農家以外の農業事業体のこと。具体的には農事組合法人、株式会社、合名会社、合資会社、合同会社などの法人と非法人からなる。家族経営が法人化している１戸１法人は含めない。非法人には、生産組合、農事実行組合、農業集落などで主に農家などによって任意に構成されている事業体で法人格を有しないものと、国・地方公共団体、法人格を有しないそれ以外の事業体とがある。

協業経営組織
きょうぎょうけいえいそしき

　２戸（法人格の有無にかかわらず）以上の世帯が共同で出資し、一つ以上の農業部門の生産から生産物の販売、収支決算、収益の配分に至るまでの経営のすべてを協業による経営で行う農業経営体。

協業法人
きょうぎょうほうじん

　２戸以上の世帯が共同で出資し、収支決算まで共同で行っている法人。

共同作業組織
きょうどうさぎょうそしき

　近隣の農家もしくは集落などの集団が、田植え作業などの手作業を共同で行う組織。

共同利用組織
きょうどうりようそしき

　複数の農家が機械・施設を購入あるいは借り入れし、これを共同利用する組織。利用などについて明確な規定が必要である。農事組合法人の１号法人など。

集団栽培組織
しゅうだんさいばいそしき

集落などの単位で栽培協定を結んだり共同作業、機械、施設の共同利用を行ったりして農業生産の組織化を行っている農家集団。

地域複合化
ちいきふくごうか

集落などを単位とする地域で、稲作経営や野菜作経営、畜産経営など複数部門の経営が連携をもって営まれることで、これにより資源の有効活用、地域内循環が図られる。例えば耕種農家と畜産農家の連携による地域複合化では、地域内の稲わら、もみ殻などの農場副産物と家畜排せつ物を利用して堆肥を生産し、地域内の圃場に施用することが可能となり、地域内の物質循環を保ちながら、家畜排せつ物の処理とともに地力の維持・増進が図られるなどの利点がある。

農業集落
のうぎょうしゅうらく

市町村の区域の一部において、農作業や農業用水の利用を中心に、家と家とが地縁的、血縁的に結び付いた社会生活の基礎的な地域単位のこと。

農業水利施設の維持管理、農機具などの利用、農産物の共同出荷などの生産面ばかりでなく、集落施設の利用、冠婚葬祭、その他生活面に及ぶ密接な結び付きの下、様々な慣習が形成されており、自治および行政の単価としても機能している。

集落型経営体
しゅうらくがたけいえいたい

水田農業の担い手として、2004年からの米政策改革で農林水産省が提案した経営体のかたち。集落営農の中でも一定の要件を満たす集団を指す。

集落営農
しゅうらくえいのう

集落など地縁的にまとまりのあ

る一定の地域内の農家が農業生産を共同して行う営農活動をいう。転作田の団地化、共同購入した機械の共同利用、担い手が中心となって取り組む生産から販売までの共同化など、地域の実情に応じてその形態や取り組み内容は多様である。

集落ぐるみ型（集落営農）
しゅうらくぐるみがた（しゅうらくえいのう）

　協業経営型。集落全体の協業で、各農家が作業に従事することによって効率的な生産を行い、収益や費用のプール計算により収入は農地の持ち分（経営面積）や出役時間に応じて各構成員に分配する。

オペレーター型（集落営農）
おぺれーたーがた（しゅうらくえいのう）

　作業受託型。集落営農の構成員であるオペレーターや認定農業者などの担い手が基幹作業を受託して補完作業は他の農家が行う形態で、担い手が集落営農組織を構成するケースが多い。部分的に構成員が機械を個別利用する場合もある。

集落協定
しゅうらくきょうてい

　→中山間地域等直接支払制度における集落協定

農用地利用改善事業
のうようちりようかいぜんじぎょう

　農業経営基盤強化促進法に基づく農業経営基盤強化促進事業のうちの1事業。①農用地に関し権利の有する者の組織する団体が実施主体となって②事業の準則となる農用地利用規程を定めこれに従い③農用地の効率的かつ総合的な利用を図ることを目的として作付地の集団化、認定農業者などへの利用権設定等を話し合いを通じて進める事業。担い手の不足する地域において集落の話し合いを通じて地域の農地を守る法人を育成する観点から、農用地利用改善事業に特定農業法人制度（1993年）、特定農業団体制度（2003年）が加えられている。

農用地利用改善団体

のうようちりようかいぜんだんたい

　集落などの地縁的なまとまりのある区域内の農用地について所有・利用などの権利を有する者（農用地について権利を有する者の3分の2以上）が組織する団体。作付地の集団化、農作業の効率化、農用地の利用関係の改善を行う。農業経営基盤強化促進法で位置づけられている。

農用地利用規程

のうようちりようきてい

　農用地利用改善団体がその区域における農作業の効率化や農地の利用改善などの農用地利用改善事業を実施する場合において、どのように実施するかについて地域の合意内容を定めたもの。

特定農用地利用規程

とくていのうようちりようきてい

　特定農業法人に関する事項を定めた農用地利用規程。特定農業法人または特定農業団体の同意を得て農用地利用改善団体が作成し、

市町村が認定するもの。農用地の利用関係の調整ルール、農作業の効率化、作付地の集団化などに関する事項、利用集積目標などを含む。

地域営農集団

ちいきえいのうしゅうだん

　農業生産組織の1つの形態であり、地域ぐるみの農家の合意を基本とし、農作業などへの参加を通じて土地利用と地域の農業生産資源の有効活用を図る仕組み。JA全中が1982年の第16回全国農協大会で提起した地域農業生産のモデル。専従者のいる個別農家やオペレーターなどのグループを中心に参加農家が役割を分担し、栽培管理や機械利用を行う。

特定農業団体

とくていのうぎょうだんたい

　農業の担い手が不足する地域において農作業受託により農地利用集積をすすめる団体で、①規約を有するなど経営主体としての実態があること②協業経営を行うこと

③5年以内に法人化する具体的な計画を有すること――など一定の要件を満たすもの。なお農業経営基盤強化促進法に基づき、特定農業法人が利用権設定等により農地を集積するのに対し、特定農業法人でない特定農業団体は農作業受託により集積を進める。

農業法人
のうぎょうほうじん

　法人形態によって農業を営む法人の総称。「農事組合法人」と「会社法人」がある。また農地の権利取得の有無により「農地所有適格法人（旧：農業生産法人）」と「一般農業法人」に分けられる。

農地所有適格法人（旧：農業生産法人）
のうちしょゆうてきかくほうじん（のうぎょうせいさんほうじん）

　農地法で規定する農地を利用して農業経営を行う法人。農事組合法人、持分会社（合名会社、合資会社、合同会社）、株式会社（株式譲渡制限会社に限る）の5形態。

事業や議決権割合、役員についても一定の要件が農地法で定められている。

特定農業法人
とくていのうぎょうほうじん

　将来、農業の担い手が不足することが見込まれる地域で、地域内の話し合いでは農用地の有効利用が図られない恐れのある場合において、関係者の合意のもとに農用地の農業的利用を確保していく主体として特定農用地利用規程に位置づけられた農地所有適格法人（旧：農業生産法人）など。農業経営基盤強化促進法に基づいた制度。

農業経営基盤強化準備金制度
のうぎょうけいえいきばんきょうかじゅんびきんせいど

　経営所得安定対策などにかかる交付金などについて、農業経営基盤強化準備金として積み立てることができる制度のこと。この交付金などを経営発展のための準備金として積み立てた場合、その積み立て分について必要経費（損金）

に算入することができる。また積み立てた準備金を取り崩して、農業用固定資産を取得した場合、圧縮記帳（圧縮額を損金に算入）することができる。

農事組合法人

のうじくみあいほうじん

農業協同組合法で規定された法人。農業関連施設の設置・共同利用や農作業の共同化の事業ができる１号法人と、共同の利益増進のために農業経営を営む２号法人がある。構成員は農業者３人以上。議決権は１人１票。

実行組合（農事組合）

じっこうくみあい（のうじくみあい）

農業生産活動において最も基礎的な農家集団で、部門的でないもの。生産組合、農事実行組合、農家組合、農協支部などの名称で呼ばれている。養蚕組合、酪農組合、出荷組合など一部門だけに専門的に取り組む集団は含まない。

農協個人正組合員

のうきょうこじんせいくみあいいん

農協の組合員のうち、個人の正組合員をそれ以外の組合員と区別した呼び方。正組合員としての資格は各農協の定款で定めるが、一般的に10a以上の農地を保有し農業を経営しているか、または年間90日以上農業に従事している者、あるいは農業の経営を行う法人。これに対し農業者以外でもJAごとに定めた一定の出資金を支払えば組合に加入できる准組合員制度がある。

農協役員

のうきょうやくいん

農協の理事および監事。理事は総会で決められた方針に基づき業務を執行し、理事会で選出された代表理事が組合を代表する。その定数は５人以上で、定数の少なくとも３分の２は正組合員でなければならない。監事は組合の財産の状況および理事の業務執行状況を監査し、その定数は２人以上である。任期は理事監事とも３年以内。

2016年4月施行の改正農協法で
「理事定数の過半数は認定農業者
等で構成」するよう新たな定めが
追加された。

アグリビジネス
アグリビジネス

　農業者が、農業生産を基本に加
工や販売、産地直売、農家レスト
ラン、農家民宿、観光農園などの
サービスを組み合わせた農業関連
産業を営むこと。農家経営の発展
を図る事業活動。

農業サービス事業体
のうぎょうサービスじぎょうたい

　自らは農業経営を行わず、委託
を受けて農作業を行う事業体。一
般の農家に比べ優れた技術水準の
サービスをもって農家の労働力を
担っている。農作業の委託を受け
る生産組織や農協などが運営する
育苗センターやライス・センター
など。

アグリビジネス投資育成株式会社
アグリビジネスとうしいくせいかぶしきがいしゃ

　農業法人への出資業務などを通
じて農業法人の自己資本の充実な
どその健全な成長発展を支援する
こととして、農業法人に対する投
資の円滑化に関する特別措置法に
基づき、2002年10月に農協グルー
プと日本政策金融公庫（旧農林漁
業金融公庫）の出資により設立さ
れた。出資対象法人は農業法人ま
たは農業に関連する企業で、農業
法人の場合、①認定農業者である
（見込みでも可）②法人設立後3
年以上の実績があり、過去3年平
均の経常利益が黒字である（法人
設立前の同等の個人経営実績でも
可）③会計は複式簿記を行ってい
る④自己資本比率が相対的に低い
こと――などの要件を満たし、今
後の経営発展が確実と認められる
法人。出資の限度額は増資後の発
行済持ち分・株式総数の50％以内
である。農業法人投資育成会社。

広域営農団地

こういきえいのうだんち

　相当広範囲な農業地域を対象に、その地域の基幹となる作物の生産から加工、流通までの各段階を有機的、一般的に整備し、生産、集出荷・販売体制の組織化と管理体制の整備を促進するために計画された農業団地。

認定新規就農者

にんていしんきしゅうのうしゃ

　就農希望者などのうち、農業経営基盤強化促進法に基づいて農業経営の目標等の計画（就農計画）を作成し、市町村の認定をうけた者。

就農準備校

しゅうのうじゅんびこう

　土日や夏期休暇などを利用して、他産業従事者が勤めながら農業の初歩的知識や技術の習得、体験ができるよう首都圏など主要都市圏に開設されているコース。

道府県農業大学校

どうふけんのうぎょうだいがっこう

　多くが専門学校（専修学校専門課程）として認定されており、高校卒業生などを対象とした2年間の実践的研修コース、短大卒業生を対象とした1年間または2年間のより高度な研修教育コースなどがある。就農希望者・農業者を対象としたコースも開設されている。

農業大学校

のうぎょうだいがっこう

　→道府県農業大学校。

請負耕作

うけおいこうさく

　耕地の所有者が面積の大小にかかわらず、他の者に対し耕地における農作物栽培作業の全部もしくは一部を委託すること。または後者が前者から受託すること。請負耕作には経営受委託、全作業受委託、作業単位の受委託の三つがある。

経営受託

けいえいじゅいたく

　受託者側が自分の意志に基づいて作物を栽培し、その収穫物をすべて自分のものとし、その代わり耕地の借料（地代）として両者の間であらかじめ決めた一定の金額または収穫物を委託者に支払う形態で、耕地は受託者側の経営耕地に含める。

全作業受託

ぜんさぎょうじゅいたく

　委託者が自分で作付けする作物を決め、その作物の栽培をすべて受託者側にまかせる。受託者側は自分の機械、資材などを用いて作物を栽培し、その収穫物を全部委託者側に渡し、そのかわり両者の間で前もって決めている一定の金額または収穫物を受け取る形態。耕地は委託者側の経営耕地とする。

農作業受託

のうさぎょうじゅたく

　あらかじめ定めた契約条件で農作業の全部あるいは一部分を引き受けること。農作業受託の標準料金を市町村農業委員会や農協で定めている場合がある。

基幹作業

きかんさぎょう

　農作業における主要な作業をいう。水稲においては耕起・代かき、田植え、稲刈り・脱穀を指す。麦、大豆なら耕起・整地、播種、収穫を指す。

農作業受委託促進事業

のうさぎょうじゅいたくそくしんじぎょう

　農業経営基盤強化促進法に基づく事業。農協などによる作業の受委託などのあっせん事業と農業従事者の養成確保促進事業からなる。前者は農協などが実施主体となり、農家の労働力、機械装備などの事情に応じ、農用地の権利移動に至らない段階においてもできる限りその所有と利用の有効結合が図られるよう農作業受委託を組織的に促進する事業。後者は市町村が行う青年農業者の育成を助長し、農村女性が能力を十分に発揮

していくための条件整備などを促進する事業。

コントラクター
コントラクター

　酪農などの飼料生産受託組織。個別農家に代わり飼料の生産を一括して請け負う。規模が大きくなった酪農経営では牛の管理に手間がかかり、飼料の生産にまで時間をさくことが難しいために発達した。2016年で全国に717の組織があり、全国協議会も設立されている。

請負防除
うけおいぼうじょ

　防除業者に無人ヘリコプターやドローンによる防除などの作業を請け負わせること。圃場の大規模化と集約化、栽培農家の高齢化などで需要がある。

営農指導員
えいのうしどういん

　農協の職員で、組合員のために農業の経営および技術の向上に関する指導を専門に行う者。技術・経営的な指導から、生産部会の組織化、さらに地域農業の振興計画の策定および実践、土地利用調整などに至るまで幅広い業務を行う。

酪農ヘルパー制度
らくのうヘルパーせいど

　酪農経営を行っている人が休暇が取れるよう酪農ヘルパーが代わりに乳牛の搾乳や飼料給与などの作業を行う制度。

農業機械銀行
のうぎょうきかいぎんこう

　ドイツのマシネーリンクをモデルに、農作業を請負うなど農家の過剰投資の防止を目的に1974年頃から全国的に発足した組織。担い手農家が自ら保有する農業機械施設を効率的に利用するため、農作業受委託の仲介あっせん、作業料金の決済業務などを行う。

協同農業普及事業

きょうどうのうぎょうふきゅうじぎょう

　普及指導員などが直接農業者に栽培技術や経営に関する支援を行い、地域農業のさまざまな課題の解決を目指す国と都道府県の協同事業のこと。

栽培協定

さいばいきょうてい

　播種、施肥、水管理、防除、収穫など生産過程における農作業などの基本事項に関する約束（協定等）に基づき、組織的な生産を行うこと。作物などの生産について品種の統一を主目的としている。

畜産高度化推進リース事業

ちくさんこうどかすいしんリースじぎょう

　畜産農家などの希望する家畜排せつ物処理、飼料の給与などに必要な機械・装置を購入し、当該農家に一定期間貸し付け（有償）たのち、譲渡（有償）する事業で、2005年度から始まった「畜産環境整備リース事業」などが前身。独立行政法人農畜産業振興機構から

の補助金を財源としている。2019年度から実施。

全国農業担い手サミット

ぜんこくのうぎょうにないてさみっと

　1998年に当時認定農業者数全国一の山形県酒田市の認定農業者会議が経営改善計画の達成に向けたこれまでの取り組みと成果を持ち寄り、一層の経営改善を目指して全国の認定農業者が交流しようと呼びかけて「認定農業者サミット」として始まった。その後、都道府県段階の認定農業者組織が持ち回りで毎年秋に開いている。2006年から集落営農関係者も参加し、「全国農業担い手サミット」と改称した。2019年度は静岡県、20年度は茨城県での開催を予定。

新たな農業経営指標

あらたなのうぎょうけいえいしひょう

　農林水産省が2012年3月に認定農業者の経営改善を後押しするために作成したもの。認定農業者はこの指標に基づいて毎年、自己チェックを行い、少なくとも認定

農業者の認定期間の中間年（３年目）と最終年（５年目）には自己チェックの結果を市町村に提出することとされている。

耕作放棄地発生防止・解消活動表彰事業

こうさくほうきちはっせいぼうし・かいしょうかつどうひょうしょうじぎょう

　全国農業会議所が実施した事業。2008年度から農業・農村現場において耕作放棄地の発生防止・解消活動を展開する団体等でその取り組みや成果が他の模範となる者を顕彰し、広く普及することにより、今後の耕作放棄地対策の促進に寄与することが目的。2017年度に実施した第10回を区切りに終了した。

優良経営体表彰

ゆうりょうけいえいたいひょうしょう

　農林水産省と全国担い手育成総合支援協議会が実施している表彰事業。意欲と能力のある農業者の一層の経営発展を図ることを目的に、優れた経営を実践している農業経営体を表彰する。

　都道府県や都道府県農業会議、都道府県農業法人協会等から推薦のあった優良な事例から、学識経験者等で構成する審査委員会で農林水産大臣賞などが決定される。

3 制度資金・投資

制度資金
せいどしきん

　法律、政令、規則などに基づき
その政策目的を遂行するために、
国や地方自治体が資金を融資した
り、利子補給を行ったりするもの。
農業生産に関して「農業制度資金」
という。

日本公庫資金
にほんこうこしきん

　日本政策金融公庫が日本政策金
融公庫法その他の法律に基づき、
農林漁業施策に即して農林漁業者
などに融通を行っている資金の総
称。

スーパーL資金
スーパーエルしきん

　「農業経営基盤強化資金」が正
式名称。認定農業者が「農業経営
改善計画」に示した具体的な経営
改善を実行していくうえで必要と
なる長期低利資金を日本政策金融
公庫が融資するもの。農地や農業
用施設の取得・改良・造成や借地
権・利用権などの取得、負債の整
理その他の経営改善などに必要な
資金を対象にしている。Lはロン
グ（長期）の略。融資限度額は個
人3億円（特認6億円）、法人10
億円（特認20億円）、償還期間25
年（据置期間10年）以内。

スーパーS資金
スーパーエスしきん

　「農業経営改善促進資金」が正
式名称。肥料や種苗代などの購入
代にあてる短期運転資金。融資限
度額は個人5百万円、法人2千万
円（施設園芸および畜産はそれぞ
れ4倍）。

農業改良資金

のうぎょうかいりょうしきん

　新作物分野・流通加工分野・新技術にチャレンジする場合に必要な施設・機械・資材などの取得資金。無利子。融資限度額は個人5千万円、法人1億5千万円。融資率は認定農業者100％、その他の担い手80％。償還限度は12年（据置期間3～5年）以内。

農業基盤整備資金

のうぎょうきばんせいびしきん

　水田、畑地、牧草地などの生産力の増大、生産性向上のための基盤整備を促進する資金で、対象事業は耕地に関するもの、牧野に関するものに区別される。また補助事業、非補助事業に分かれる。償還期間は25年（据置期間10年）以内。限度額は貸し付けを受ける者の負担する額。

農業近代化資金

のうぎょうきんだいかしきん

　機械・施設などの改良、取得、復旧などのための中長期資金およ

び長期運転資金。金利は0.30％（2018年4月18日現在）。認定農業者に対する特例は借り入れ期間に応じ0.20％～0.21％。融資限度額は個人1千8百万円、法人2億円。償還期間は資金使途に応じ7～20年以内（据置期間2～7年以内）。

農業経営負担軽減支援資金

のうぎょうけいえいふたんけいげんしえんしきん

　制度資金以外の負債の整理をするための資金。営農負債の残高で限度額なし。償還期間10年以内（年間償還額から特に必要な場合は15年以内）。

　東日本大震災の被災農業者向けには無利子の貸し付けが新たに設けられ、償還期限および据え置き期間についてもそれぞれ18年以内および6年以内に延長された。

農林漁業施設資金（主務大臣指定施設）

のうりんぎょぎょうしせつしきん（しゅむだいじんしていせつ）

　農舎、畜舎などの農業用生産施設、農産物育成管理用施設、農機

具等の改良・造成または取得、災害復旧などを目的とした資金。貸付対象者、貸付利率、償還期限は資金種類によって異なる。貸付限度額は補助の場合、負担額の80％、非補助の場合は資金種類によって異なる。

農林漁業施設資金（環境保全型農業推進）

のうりんぎょぎょうしせつしきん（かんきょうほぜんのうぎょうすいしん）

　農業者や農協等が、肥料、農薬などの投入量削減に役立つ施設、廃棄物などの処理・再利用のための施設、太陽熱・地熱などの未利用資源を有効活用するための施設など環境保全型の農業を推進するために必要な各種施設の整備を行う場合に、農林漁業施設資金に貸付利率の特例を設けているもの。

経営体育成強化資金

けいえいたいいくせいきょうかしきん

　意欲と能力を持つ担い手に対し、農業経営の改善を図るための前向き投資資金（経営改善資金）

と、農業経営の維持安定が困難な者への償還負担の軽減に必要な資金（負担軽減資金）を融資するもの。限度額は個人1億5,000万円、法人・団体5億円以内。償還期間は25年以内（うち据置期間3年以内）。

振興山村・過疎地域経営改善資金

しんこうさんそん・かそちいきけいえいかいぜんしきん

　山村や過疎地域の農林漁業が地域の自然条件に適合した経営改善、農林漁業振興を図り、所得の安定確保、地域の活性ができるよう必要な長期・低利の資金を融資するもの。使途は果樹、茶、多年生草木、桑の新植と改植、果樹の育成、乳牛、繁殖用の肉牛・豚・めん羊・山羊の購入、建物・施設および機械改良、造成、取得、農林地の保全に必要な資材などの購入など。借入者資格は振興山村あるいは過疎地域において農業（林業・漁業）を営んでおり、「農林漁業経営改善計画」または「農林漁業振興計画」を作成し、都道府県知事の認定を受けた個人、法人

または法人・団体。返済期間は25年以内（うち据置期間8年以内）。融資限度額は補助事業の場合は負担額の80％以内、非補助の場合は負担額の80％以内または個人1,300万円、法人5,200万円。

畜産特別資金
ちくさんとくべつしきん

　負債の償還が困難な畜産経営に対し、長期・低利の借換資金を農協、銀行など民間金融機関が融通するとともに、都道府県畜産協会などが行う経営改善指導および都道府県農業信用基金協会が行う債務保証に対して支援する。

中山間地域活性化資金
ちゅうさんかんちいきかっせいかしきん

　地勢条件の制約などから農業生産条件が不利な中山間地域について、農林水産物の付加価値の増大、農林漁業資源を利用した保健機能増進施設整備を通じ、地域の特性を活かした農林漁業の総合的な発展を図ることを目的とした資金。①新商品・新技術の研究開発・利用②需要の開拓を図る事業が対象で、中山間地域内の農林漁業者と安定的な取引契約などを締結することなどが要件。農林水産物加工業者、販売業者が融資対象になる。

畜産経営環境調和推進資金
ちくさんけいえいかんきょうちょうわすいしんしきん

　家畜排せつ物の利用管理の適正化・利用の促進のために必要な施設・機械などの改良・造成・取得や施設利用料全額の一時払い、家畜排せつ物の利用の促進を行う法人への出資などに必要な資金を融資するもの。借入者の資格は①畜産業を営む者であって、法に基づく「処理高度化施設整備計画」を作成して知事の認定を受けた者②畜産業を営む者、農協、農協連が組織する5割法人・団体であって、「共同利用施設整備計画」を作成して都道府県知事の認定を受けた者。1999年施行の「家畜排せつ物の管理の適正化及び利用の促進に関する法律」などに基づき創設された。

天災資金（災害経営資金）
てんさいしきん（さいがいけいえいしきん）

　「天災による被害農林漁業者等に対する資金の融通に関する暫定措置法（天災融資法）」に基づき、当該災害が天災と指定された場合に適用される。被害を受けたことを市町村長から認定された農業者に対し、災害後の再生産に必要な種苗、肥料、飼料などの購入およびその他農業経営に必要な資材などの購入に要する経費を融通。貸付利率は法発動の都度決定されるほか、限度額は個人200万円（北海道は350万円）、法人2,000万円。貸付期限は3〜6年などとなっている。

機関保証
きかんほしょう

　他人の債務の保証を主たる業務とする法人によりなされた保証のこと。農業信用基金協会や信用保証協会など法律に基づく公的な保証機関や、保証料による収益を主要な収益源とする民間の保証機関がある。

協調融資
きょうちょうゆうし

　1つの融資対象に、2種類以上の制度資金を同時に融資することをいう。

直貸
ちょくたい

　制度資金などの貸し付けを日本政策金融公庫が直接貸し付けを行うこと。

転貸
てんたい

　制度資金などの貸し付けを農協などを経由して行うこと。公庫から農協などが借り受けた資金を利率、償還方式などを同一にして組合員に又貸しする。

利子補給
りしほきゅう

　融資金の償還に係る利子の一部を負担または補助すること。制度資金などでは債務者の金利負担の軽減を図るために、国や地方公共団体が利子補給する場合もある。

債務保証
さいむほしょう

　主たる債務者が債権者との間で債務を履行しない場合に、第三者が債務者に代わって債務を履行する旨を約すること。

信用保証制度
しんようほしょうせいど

　農林漁業者などに対する農林漁業経営に必要な資金の融通を円滑にするため、融資機関が実施する農林漁業者などに対する貸し付けなどについて、その債務を保証する制度のこと。

農業信用基金協会
のうぎょうしんようききんきょうかい

　農業者が農業協同組合など融資機関から、農業経営に必要な資金などの融資を受ける際に、その借入金の債務を保証することにより、融資機関からの借り入れを容易にする機関で、各都道府県に設置されている。

4　年金・共済・保険

社会保険

しゃかいほけん

　国民年金や厚生年金などの「年金保険」および国民健康保険や各種健康保険組合による健康保険などの「医療保険」、雇用保険、労災保険などの総称。

労働保険

ろうどうほけん

　「労働者災害補償保険」（労災保険）と「雇用保険」を総称して「労働保険」と呼ぶことがある。

収入保険

しゅうにゅうほけん

　農業者の経営努力では避けられない自然災害や農作物価格の低下などで売上が減少した場合に、その減少分の一部を補償する保険で、2019年1月から導入された。基本的に農作物ならどんな品目も対象になり、保険料率は1.08％（50％の国庫補助後）で、収入保険に加入していれば農家ごとの平均収入の8割以上の収入が確保される。青色申告の実績が1年分あれば加入できる。

農業者年金

のうぎょうしゃねんきん

　農業者の老後生活の安定と福祉の向上、農業の担い手育成を目的とする政策年金。国民年金の第1号被保険者で年間60日以上農業に従事する60歳未満の人は誰でも加入できる。認定農業者で青色申告をしている場合など一定の要件を満たせば、保険料が最高で月額1万円が国から助成される、保険料が全額所得税・住民税などの社会保険料控除の対象となるなど多くのメリットがある。

農業者年金の政策支援

のうぎょうしゃねんきんのせいさくしえん

　認定農業者あるいは認定新規就農者で青色申告者など意欲のある農業者やその配偶者または後継者などに対して、本人の申し出により月額2万円（政策支援を受けている期間の保険料は2万円に固定）の保険料のうち1万円、6,000円または4,000円が国から補助される制度で、納める保険料が月額1万円、1万4,000円、または1万6,000円に軽減される。

農業者年金の経営継承

のうぎょうしゃねんきんのけいえいけいしょう

　農業者年金制度の加入者が、農地等および特定農業用施設（基準日において残存耐用年数10年以上の畜舎または温室）の全てについて後継者か第三者にその権利を移転・設定し、農業を営む者でなくなること。原則65歳に達した場合に、特例付加年金（保険料国庫助成の政策支援を受けた者の終身年金）が受給できる。

農業者年金の経営移譲

のうぎょうしゃねんきんのけいえいいじょう

　2001年12月末までの旧農業者年金制度の加入者で、自分名義で所有または借り入れている農地の面積が30a以上ある人が、後継者か第三者にその権利を譲り渡したり貸したりして、農業経営から引退すること。その際、経営移譲終了日のちょうど1年前の日を基準日とし、その時点で持っていた自分名義の自作地と小作地の全てを、後継者に引き継がなくてはならない。単に農地等の権利名義を移すだけでなく、農業経営自体も後継者に移すもので、これにかかる諸名義も全て変更しなければならない。

自留地

じりゅうち

　第三者に対する経営移譲および経営継承では一部農地等を保有することが認められており、この場合の日常生活に必要な最小限の農地（旧制度では上限10a^{（注）}、新制度では基準日に農業に供してい

た面積の3分の1または10 a^(注)のいずれか小さい面積）のことを自留地という。

(注) 道南を除く北海道の区域は20 a

経営移譲年金
けいえいいじょうねんきん

　旧農業者年金制度の加入者が農業経営を後継者または第三者に譲ることにより、終身受けられる年金。

農業者老齢年金
のうぎょうしゃろうれいねんきん

　経営移譲年金の受給権者以外の人で、保険料納付済期間が20年以上ある人や経営移譲年金の全額が支給停止となった人（新制度から加入の場合はこれらの条件は必要なし）が65歳に達したときに受給できる年金。

現況届
げんきょうとどけ

　年金受給者生存確認、農業再開の有無、諸名義変更の有無などを確認するためのもので、該当す

る受給権者は毎年6月1日から6月30日までに農業委員会に提出する。提出されない場合は11月の定期支払いから年金が差し止めになる。

特例脱退一時金
とくれいだったいいちじきん

　旧農業者年金制度の加入者で年金の受給が可能な人（20年の年金受給資格要件を満たしている人）が年金受給を行わずに脱退したときに一時金として受給できるもの。なお特例脱退一時金請求権の消滅時効は5年間であり、2007年1月2日以降の請求権は時効により消滅した。新制度の加入者は脱退一時金は支給されず、将来、農業者老齢年金として支給される。

ポートフォリオ（年金）
ポートフォリオ

　保有している金融資産の集合体のこと。運用の中身は株式、債券など様々。特性の違う複数の資産に分けて投資することによって市場環境の変化によるリスクを分散

し、目標とする収益を上げる「効率的な組み合わせ」を指す。

農業共済制度
のうぎょうきょうさいせいど

農家が自然災害にあった際に被る経済的損失を最小限にとどめ、経営安定を図るために実施されている国の損害保険。農家が支払う共済掛金のうち一定部分を国が負担。農業災害補償法によって、農作物共済（水稲・麦）については一定の条件に該当する農家は必ず加入しなければならないとされていたが、2017年改正で任意加入となった。

必須共済
ひっすきょうさい

農作物共済、蚕繭共済および家畜共済はすべての農業共済組合が原則すべてを行わなくてはならない必須共済事業。

任意共済
にんいきょうさい

果樹共済、畑作物共済、園芸施設共済および建物共済等は組合などが一定の要件のもとに行うことができる任意共済事業。

共済掛金
きょうさいかけきん

共済金を支払う準備財源としてあらかじめ加入農家が納入する掛金のことで、共済掛金＝共済金額×共済掛金率で算出される。このうち建物・農機具共済以外は国が約半額を負担し、加入者はその残りの半額を負担することになっている。

共済金
きょうさいきん

加入者が共済責任期間内に発生した共済事故によって損害を受けたとき、被害の程度に応じてそれを補填するために加入者に支払われる最高限度額で、一般の保険では保険金に相当する。

共済事故
きょうさいじこ

農業共済組合が共済金の支払義

務を負うことになる事故。共済事故となるものはその発生が予期できず、またこれを避けることが困難なものでなければならない。風水害、干害、ひょう害、冷害、凍霜害、暖冬害、寒害、雪害、雨害湿潤害、冷湿害、土壌湿潤害、地震害、雷害、噴火の害、地すべりの害、その他気象上の原因による災害、病害、虫害、鳥害、獣害、および火災。

被害応急調査
ひがいおうきゅうちょうさ

　農作物に重大な災害が発生した場合に実施する調査。農作物に被害が発生した区域に対し、農作物ごとに被害程度別の被害面積および被害量を見積もる方法で行う。被害見込み金額は近年の各農産物の実勢価格（農家庭先価格）から算定した平均単価を被害量に乗じて算出する。

損害評価会委員
そんがいひょうかかいいいん

　組合等と連合会両方に設置され

ている。組合等の評価会委員は地域内の損害評価の均衡調整をはかるため、評価地区（1から2日で評価を終えるために設立する評価地域の単位）ごとに10筆以上の抜取調査を組合等の職員とともに行い、評価地区ごとの全筆調査結果がバランスがとれているか調査する。なお損害評価会委員で構成する損害評価会は損害の防止、損害の認定などの重要事項を調査審議するための組合等の諮問機関。

農作物共済
のうさくもつきょうさい

　対象作物は水稲、陸稲、麦で、すべての気象災害、病虫害、鳥獣害、火災、地震、噴火などによる災害が対象となる。当然加入は水稲20〜40a（北海道は30〜100a）以上、麦は10〜30a（北海道は40〜100a）以上を耕作している農家。これ以外の農家でも水稲・陸稲と麦をあわせて10a（北海道は30a）以上耕作している人は任意加入できる。

畑作物共済

はたさくもつきょうさい

　畑作振興が農業の重要な課題になってきたことなどから、1979年に農業共済制度の対象となった。バレイショ、大豆、小豆、インゲン、テンサイ、サトウキビ、ホップ、タマネギ、カボチャ、スイートコーン、茶（大臣の指定する地域における一番茶）ならびに蚕繭が対象作物。5〜30a以上（北海道は30a〜1ha以上の範囲内で組合等が定める）を栽培している農家が作物ごとに加入できる。

園芸施設共済

えんげいしせつきょうさい

　農作物を栽培するためのプラスチックハウスやガラス室などの特定園芸施設のほか、温度調節施設などの附帯施設や施設の中で栽培される農作物も加入の対象になっており、特定園芸施設と組み合わせて加入することができる。プラスチックハウスなどの所有・管理面積が2〜5a以上（組合等がこの範囲内で定める。なお、ガラス室は1〜2.5a）の農家が加入できる。

果樹共済

かじゅきょうさい

　1959年の台風7号と伊勢湾台風により果樹地帯が大打撃を受けたことから、生産者や農業団体からの要望と国の果樹振興政策の推進により1973年に制度化された。対象作物は、うんしゅうみかん、なつみかん、いよかん、指定かんきつ（はっさく、ゆずなど）、りんご、ぶどう、なし、もも、おうとう、びわ、かき、くり、うめ、すもも、キウイフルーツ、パインアップル。樹種ごとに5〜30a以上を栽培している農家が加入できる。果実の減収や品質低下を補償する収穫共済と、樹体の損害を補償する樹体共済の2つがある。

家畜共済

かちくきょうさい

　家畜の死亡、廃用および疾病、傷害を補償している。そのため家畜診療業務、特定損害防止事業な

どを行っている。飼養している家畜の全頭加入が義務づけられており、継続加入時はもちろん、その後に異動があった場合も同様である。

建物共済
たてものきょうさい

　主に火災などの事故を補償対象とする建物火災共済と、火災などの事故に加え地震や風水害などの自然災害も補償対象とする建物総合共済がある。建物総合共済の方が建物火災共済と比べ掛金額が高くなるが、そだけ補償内容が厚い。

農機具共済
のうきぐきょうさい

　農機具損害共済と農機具更新共済がある。どちらも稼働中の事故などを補償対象にしているが、農機具更新共済は当該農機具の買い替え更新資金を積み立てる長期共済（共済責任期間が3年以上）の仕組みとなっている。引き受けの対象となるのは農家が所有しまたは管理する農機具で一定の条件を満たしたもの。

農業災害補償制度
のうぎょうさいがいほしょうせいど

　国の災害対策として実施される公的保険制度。農業者が不慮の事故によって受ける損失を保険の仕組みにより補填するため1947年に創設された。農家が組合を設立し、共済掛け金を出し合って協同準備財産を造成、災害にあったとき被災農家に共済金を支払う。農家の自主的な相互救済を基本とし、これを保険のシステムによって全国に危険分散する。

Ⅳ 土　　　地

1 農 地

農地（農地法上の定義）
のうち

耕作（土地に労働と資本を投じ肥培管理を行い作物を栽培すること）の目的に供される土地（農地法第2条）。現在は耕作されていなくても耕作しようとすればいつでも耕作できるような土地（休耕地、不耕作地）も含む。その土地の現況によって判断され、登記簿上の地目によって判断されるものではない。

農用地等
のうようちとう

耕作の目的または主に耕作もしくは養畜の業務のための採草もしくは家畜の放牧の目的に供される土地（農地法で規定する「農地」および「採草放牧地」に該当するもの。農用地という）。加えて混牧林地と農業用施設用地、開発し

て農用地、農業用施設用地とする土地を含んだもの（農業経営基盤強化促進法第4条）。

農地等
のうちとう

田・畑・採草放牧地。農用地と同義。

耕作者主義
こうさくしゃしゅぎ

2009年の農地法改正まで、わが国の農地制度の大原則ともいわれていた「自ら耕作する者だけが農地の権利取得ができる」とする理念。①耕作者の耕作する権利の安定化②耕作者の権利取得の擁護 —— を内容としていた。1970年の農地法改正により、それまでの「自作農主義」を転換し農地賃貸借を容認あるいは促進するとともに、農地の権利取得の上限面積制限廃

止に代わる農作業への常時従事の要件を設定したことで、耕作者でない者の農地の権利取得を制限する「耕作者主義」の理念が明確にされた。

準農地
じゅんのうち

　農地および採草放牧地以外の土地で、「農業振興地域の整備に関する法律(農振法)」に規定する「農業振興地域整備計画（農振計画)」において農業上の用途区分が農地または採草放牧地とされているものであって、10年以内に開発して農地または採草放牧地として農業の用に供することが適当であるものとして市町村長が証明したものをいう。

　この準農地については相続等により農地または採草放牧地とともに取得しなければ贈与税および相続税の納税猶予特例の適用対象とならない。

耕地
こうち

　農地のうち実際作物の作付けが行われているか行い得る状態にある土地。農作物の栽培を目的とする土地のことをいい、けい畔を含む。統計上の耕地では以下の2つの条件が必要。

　①土地の利用収益者が主観的に農作物を栽培しようとする意思を有することおよびその土地に農作物の栽培が客観的に可能であること。

　②面積と沃土を有した土地であること。

本地
ほんち

　直接農作物の栽培に利用される土地で、けい畔を除いた耕地。

農用地利用計画
のうようちりようけいかく

　農用地区域およびその区域内にある土地ごとに農業上の用途を定めたもので、土地利用規制の基礎となる農振法上の具体的な計画で

ある。

用途区分
ようとくぶん

　農用地区域内の土地ごとに「農地」「採草放牧地」「混牧林地」および「農業用施設用地」の４種類の用途いずれかに指定することで、指定した用途以外への利用を規制する。なお指定した用途どおりに利用されていない場合には、市町村長が勧告を行うなどの措置がとられる。

田
た

　灌漑設備があり、水をためる必要がある作物（水稲、イ、レンコン、ワサビ、セリ）を栽培することを常態とする耕地。また灌漑設備のない天水田も田とする。面積調査では栽培される作物での判断は困難で、灌漑設備の有無を優先する。

普通田
ふつうでん

　水稲の栽培を常態とする田のこと。

特殊田
とくしゅでん

　水稲以外の湛水を必要とする作目の栽培を常態とする田。

保全管理田
ほぜんかんりでん

　常に耕作可能な状態に管理された水田のこと。そのために必要な耕うん・除草などが行われる。自らが行う自己保全管理と農協などに預託して行う保全管理がある。

はざ場
はざば

　刈り取った稲を乾燥させるために稲掛けをするやぐらを設置する場所。

畑
はた

　田以外の耕地のこと。通常、畑

と呼ばれている普通畑以外に樹園地および牧草地を含む。なお宅地を畑として利用しているいわゆる「宅地畑」や温室・ハウスなどの施設をもった畑も含まれる。

普通畑
ふつうばた

　畑のうち樹園地および牧草地を除くすべてのもの。通常、草本性作物、苗木などを栽培している。農林業センサスでは、果樹やキノコ以外の作物を栽培しているハウス・ガラス室の敷地も含まれるが、コンクリート床などで地表から植物体が遮断されている場合は含めない。

転換畑
てんかんばた

　水稲作付けが行われていた水田で、その後作付けが不可能になった農地。

樹園地
じゅえんち

　畑のうち果樹、桑、茶などの木

本性作物を１a以上集団的に栽培するもの。ホップ園、バナナ園、パイナップル園および竹林（タケノコ栽培を行う）を含む。

果樹園
かじゅえん

　果樹を栽培する樹園地。ただしクリ、クルミなどで耕地以外に植え付けされているものは、果実販売を目的としていても果樹園としない。

桑園
そうえん

　桑を栽培する樹園地。桑の栽培形態別区分においては本桑園および混作桑園のみが含まれるが、混作桑園にあっては利用度によらず全面積を対象とする。山桑を肥培管理している場合も桑園に含む。

茶園
ちゃえん

　茶を栽培する樹園地。茶の栽培形態別区分においては専用茶園のほか兼用茶園のうち１a以上集団

的に栽培しているものを含む。山
茶を肥培管理している場合も茶園
に含む。

牧草地
ぼくそうち

　畑のうち牧草の栽培を専用とす
る畑で、経過年数（おおむね7年
未満）と牧草の生産力から判定し
て耕地とみなしうる程度のもの。
ただし牧草がある場合でも、作付
けの都合により1〜2年だけ栽培
するときは牧草地ではなく普通畑
（牧草作付畑）とする。農林業セ
ンサスでは面積調査（農林水産省
が毎年実施する耕地と農作物の作
付けの実態を明らかにするための
調査）でいう牧草地を「牧草専用
地」という。

混牧林地
こんぼくりんち

　主として木や竹の生育に利用さ
れる土地に放牧などをしている土
地。

採草放牧地
さいそうほうぼくち

　農地以外の土地で、主として耕
作または養畜の事業のための採草
または家畜の放牧の目的に供され
るもの。（地目は通常「牧場」、農
地法第2条第1項）

農業用施設用地
のうぎょうようしせつようち

　耕作または養畜の業務のために
必要な農業用施設で、農林水産省
令で定めるものの用に供される土
地（農振法第3条第4号）。畜舎、
温室、農産物集出荷施設、たい肥
舎、農機具収納施設、製造・加工
施設、販売施設および廃棄された
農産物または廃棄された農業生産
資材の処理の用に供する施設を農
業用施設としている。

農用施設
のうようしせつ

　農機具庫、畜舎、選果場などの
建築物や生産資材、貯水槽など農
家、農業団体が生産手段などの用
に供する目的でもっている固定資

産のこと。

遊休農地
ゆうきゅうのうち

　耕作放棄地や不作付地などのこと。過去1年以上の間（実質的には2年以上）、不作付けの状態となっている農地。2009年に改正された農地法（第32条第1項各号）では①1年以上にわたって農作物の栽培が行われておらず、かつ今後農地所有者などの農業経営に関する意向、農地の維持管理（草刈り、耕起など）の状態などからみて、農作物の栽培が行われる見込みがない②農作物の栽培は行われているが、周辺の同種の農地において行われる栽培方法と比較して著しく劣っているとき――などは、農業委員会が必要な指導を行うことになっている。

不作付地
ふさくつけち

　農林水産省の統計調査における区分であり、調査日以前1年以上作付けしなかったが、今後数年

の間に再び耕作する意思のある土地。

田湧き
たわき

　これまで水田面積として計算されていなかった田んぼを新たに登録し、数字の上では水田が増えるような現象。現在は耕作放棄地になっているような場所を見つけ出し、減反面積としてカウントするケースが多いとされている。減反面積が急激に拡大した年に多く発生してきた。

休閑地
きゅうかんち

　農林業センサスでは現在耕作していないがこの数年間に再び耕作するという意思がはっきりしている土地を休閑地としており、経営耕地に含む。面積調査では耕作放棄地に満たないものを休閑地とし、耕地に含む。ただし調査現場における聴き取りなどで明らかに休閑地でなく耕作放棄地であると判断される場合、2年未満であっ

ても耕作放棄地として扱う。

耕作放棄地
こうさくほうきち

　農林業センサスでは調査日以前
１年以上作付けせず、今後数年の
間に再び耕作するはっきりした意
思のない土地をいう。なお、これ
に対して調査日以前１年以上作付
けしなかったが、今後数年の間に
再び耕作する意思のある土地は不
作付地といわれ、経営耕地に含ま
れる。

ゾーニング
ゾーニング

　農業振興地域計画(農振計画)
や都市計画などの土地利用計画に
おいて、用途ごとに区分して一団
の地域または地区の指定などを行
うこと。土地利用の区分としては
農振法における農業振興地域（農
振地域）や農用地区域、都市計画
法における市街化区域、市街化調
整区域がある。

市街化区域
しがいかくいき

　すでに市街地を形成している区
域およびおおむね10年以内に優先
的かつ計画的に市街化を図る区域
（都市計画法第７条第２項）。市街
化区域の中では12種類の用途地域
が必ず定められ、建築規制がある。

市街化調整区域
しがいかちょうせいくいき

　優れた自然環境や農地を守るた
め市街化を抑制する区域。（都市
計画法第７条第３項）

農業振興地域
のうぎょうしんこうちいき

　今後相当長期（おおむね10年以
上）にわたり総合的に農業の振興
を図るべき地域。（農振法第６条）

農業振興地域制度
のうぎょうしんこうちいきせいど

　農業の振興を図るべき地域を定
め、土地の有効利用と農業の近代
化のための措置を計画的に推進
し、農業の健全な発展を図ること

を目的とする農振法に基づいた制度。

農用地区域

のうようちくいき

市町村が農振法に基づき農業振興地域整備計画の農用地利用計画において定める「農用地として利用すべき土地の区域」をいう。

非農用地区域

ひのうようちくいき

農業振興地域の中で直接農業上の利用に供すべき土地の区域ではないが、農用地区域と一体として総合的に農業の振興を図ることが相当な区域。

農振農用地

のうしんのうようち

市町村は農振法に基づく農業振興地域整備計画のなかで農用地利用計画を作成。農業上の利用を図るべき区域（農振農用地）を決め、農地や採草放牧地などの用途に分けている。農振農用地は公共事業など農業施策の対象となる一

方で、転用は定められた用途に制限される。農地法の及ばない山林でも開発には知事の許可が必要となる。

農振青地・農振白地

のうしんあおじ・のうしんしろじ

「農振青地」とは農業振興地域のうち農用地区域の通称。「農振白地」とは農業振興地域のうち農用地区域以外の区域（非農用地区域）の通称。

農振除外

のうしんじょがい

農業振興地域内の農用地等を農地転用する場合には農業振興地域から除外する必要がある。そのための農用地利用計画の変更を農振除外という。

都市計画区域

としけいかくくいき

行政区域にとらわれず、実質的に一体の都市として総合的に整備、開発または保全する必要がある区域。（都市計画法第５条）

農業振興地域整備計画
のうぎょうしんこうちいきせいびけいかく

　農業振興地域の区域の全部または一部がその区域にある市町村が自然的経済的社会的諸条件を考慮して当該地域において総合的に農業の振興を図るために必要な事項を一体的に定めたもの。策定に当たっては、都道府県が策定した農業振興地域整備基本方針に適合するとともに、国土総合開発計画などとの調和が保たれたものとする。

非線引き区域
ひせんびきくいき

　都市計画区域の中で、市街化区域にも市街化調整区域にも属さない無指定区域のこと。

一般管理
いっぱんかんり

　農業以外の土地利用との調整を図りながら農業振興を図るべき地区を明らかにし、土地の有効利用と農業の近代化のための施策を総合的に推進するための農業振興地域整備計画について、「総合見直し」とは別に随時行う変更のこと。農振除外申請などに応じてなされる。

総合見直し
そうごうみなおし

　農振法に定める基礎調査を概ね５年ごとに行い、その結果に基づき「一般管理」とは別に農業振興地域整備計画の見直しを行うこと。必要に応じ農用地区域の除外など計画変更がなされる。

農用地区域内農地
のうようちくいきないのうち

　市町村が定める農業振興地域整備計画において、農用地区域に指定された区域内の農地。転用は原則として不許可。ただし農用地利用計画に適合する農業用施設を建設する場合などは許可される。

農地転用
のうちてんよう

　農地を農産物の生産以外の住宅・業務等の施設または道路、山

林などの用途に変更すること。転用にあたっては農地法に基づく許可または届け出が必要となる。

農地転用許可
のうちてんようきょか

　農地を農地以外または採草放牧地以外にする場合については農地法第4条で、所有権の移転、賃貸借権、使用貸借権の権利を設定する場合は農地法第5条で、それぞれ事前に都道府県知事または指定市町村の長の許可（4 haを超える場合は農林水産大臣と協議）を受けなければならない。許可を受けないで農地等の転用あるいは権利設定を行っても効力は生じない。

農地転用許可基準
のうちてんようきょかきじゅん

　農地法第4条（自己転用の場合）および同5条（転用目的の権利移動の場合）のそれぞれ第2項ならびに施行令（政令）、施行規則（省令）に規定されている。基準には農地を営農状況と周辺の市街地化

から許可の可否を判断する立地基準と、転用の確実性、周辺農地等への影響などを審査する一般基準とがある。立地基準では農用地区域内農地や第1種農地、甲種農地（良好な営農条件を備えている農地）は原則として転用許可できない。近い将来、市街地として発展する環境にある農地（第2種農地）は周辺の他の土地に立地が困難な場合、公共性の高い事業の用に供する場合は転用が許可される。都市施設の整備された区域内の農地（第3種農地）は原則として転用が許可される。一方、一般基準は転用行為を行う資力・信用があること、転用申請用途に供することなどが確実であること、転用により周辺の農地に係る営農条件に支障が生じないことなどとされている。

第3種農地
だいさんしゅのうち

　農地転用許可基準上の農地の区分。都市的施設の整備された区域内の農地や市街地の農地。例えば

駅・役場からおおむね300m以内にある農地。市街地の中に介在する農地等。原則として転用許可。

第2種農地
だいにしゅのうち

農地転用許可基準上の農地の区分。近い将来、市街地として発展する環境にある農地や農業公共投資の対象となっていない生産力の低い小集団（おおむね10ha未満）の農地。周辺の他の土地に立地が困難な場合、公共性の高い事業の用に供する場合などは転用が許可される。

第1種農地
だいいっしゅのうち

農地転用許可基準上の農地の区分。生産力の高い農地、集団農地、農業公共投資の対象となった農地。転用は原則として不許可。ただし公共性の高い事業の用に供する場合は許可される。

甲種農地
こうしゅのうち

農地転用許可基準上の農地の区分。市街化調整区域内にある農業公共投資の対象となった農地（8年以内）、集団農地でかつ高性能農業機械による営農に適した農地。転用は原則として不許可。ただし公共性の高い事業の用に供する場合は許可される（第1種農地より転用の基準が厳しい）。

優良農地
ゆうりょうのうち

一団のまとまりのある農地や農業水利施設の整備などを行ったことによって生産性が向上した農地など、良好な営農条件を備えた農地。例えば10ha以上の集団的な農地や農業水利施設の整備などを実施した農地等は、農地法、農振法により優良な農地として原則として農地の転用を認めないこととされている。

農地転用許可権者

のうちてんようきょかけんじゃ

　農地等の転用許可に関する権限を有する者。農地法第4条、第5条の許可権者はその農地が存在する都道府県知事または指定市町村の長。4 haを超える農地転用のため権利の取得を行う場合、農林水産大臣と協議をしなければならないとされている。30 a超の場合、農業委員会は農業会議の意見聴取が必須（30 a以下でも意見聴取が可）。

農地転用の届け出

のうちてんようのとどけで

　市街化区域の農地転用については農業委員会への届け出が必要であるが、農地転用許可は必要としない。（農地法第4条、第5条）

一時転用

いちじてんよう

　農地の埋め立て、土砂採取、仮設道路、材料置場などある目的のために農地を一定期間農耕以外の目的に使用し、その期間終了後は農地に復元すること。農地法第4条による許可申請が必要で、所有権の移転以外の権利の設定となる場合は第5条の許可申請を要する。

転用貸付

てんようかしつけ

　国が自作農財産を公用、公共用あるいは国民生活の安定上緊急に必要な施設の用に供するために地方公共団体や個人に転用目的で庁舎、学校、住宅用地などとして貸し付けを行う。

開発行為

かいはつこうい

　農業振興地域の農用地区域内における開発行為とは「宅地の造成、土石の採取その他の土地の形質の変更、建築物その他の工作物の新築等」をいう。農用地区域は農用地等として利用する土地であり、開発行為には規制が設けられている。開発行為を行うには知事の許可を受けなければならない。農用地区域を除外しないと開発できな

い。

かい廃
かいはい

　過去において耕作の用に供されていた農地が農地転用（農地法第4条・5条許可・届け出および公共事業による転用）や耕作放棄などにより耕作し得ない状態になること。

田畑売買価格
でんぱたばいばいかかく

　全国農業会議所が旧市町村単位の調査により算出した田畑の売買価格。直近の実例価格や地域での呼び値などを参考に農業委員会からの報告によって決める。純農業地域・都市的農業地域の農地価格のほか、宅地に転用する場合の転用価格なども調査している。

農業投資価格
のうぎょうとうしかかく

　農地、採草放牧地または準農地について、その地域で恒久的に耕作または畜産のために使われる土地として自由な取引が行われる場合に通常成立すると認められる価格で、各国税局長が土地評価審議会の意見を聞いて各地域ごとに決定するもの。

公示地価
こうじちか

　国土交通省が毎年公表している1月1日現在の住宅地や商業地などの地価。一般の土地取引や公共事業用地の取得価格、相続税・固定資産税の算定などの目安になる。

基準地価
きじゅんちか

　国土利用計画法に基づき、1975年から都道府県が毎年7月1日現在で調べる基準地の地価で、調査地点は2016年で約2万1675地点。公示地価とともに公共工事などの用地取得の価格算定や固定資産税、相続税の評価の目安になる。

路線価

ろせんか

主要な道路に面した土地1㎡当たりの評価額。国土交通省が毎年発表する1月1日時点の公示地価を基準にして売買実例、不動産鑑定士などの意見を考慮し、国税庁が公示地価のほぼ8割を目安に算出する。相続税や贈与税の算定基準となる。

農地の相続税評価額

のうちのそうぞくぜいひょうかがく

評価額の評価方式には路線価をもとにした路線価方式（宅地、借地権のみ）、固定資産評価額に国税局長が定める倍率を乗じて計算する倍率方式と宅地比準方式がある。

　→路線価、公示地価。

農地の固定資産税評価額

のうちのこていしさんぜいひょうかがく

一般農地の評価は田畑を状況の類似する地区ごとに区分し、その状況から標準的な田畑を選定し、売買実例価格から正常売買価格を求め、これに総務大臣が定める農地の平均10a当たりの純収益額の限界収益額に対する割合（55%）を乗じて時価を評定する。宅地介在農地と市街化区域農地の評価は近傍の宅地価格から造成費相当額を控除した価格によってなされる。宅地などに係る固定資産の評価は公示地価の7割程度を目標に行うことになっている。

一般農地

いっぱんのうち

農地のうち宅地等介在農地および市街化区域農地以外の農地。

宅地等介在農地

たくちとうかいざいのうち

①農地法第4条第1項、第5条第1項の規定によって農地以外のもの（宅地等）への転用許可を受けた農地②宅地等に転用することについて農地法の規定による許可を要しない農地で、宅地等へ転用することが確実と認められる農地③その他の農地で宅地等への転用が確実と認められる農地。

市街化区域内農地
しがいかくいきないのうち

　都市計画法第7条第1項に規定する市街化区域内の農地で次に掲げる農地を除いたもの。①都市計画法第8条第1項第14号に掲げる生産緑地地区内の農地②都市計画法第4条第6項に規定する都市計画施設と定められた公園、緑地または墓地の区域内の農地で都市計画事業に係るもの③古都における歴史的風土の保存に関する特別措置法に規定する歴史的風土特別保存区域内の農地④都市緑化保全法に規定する緑地保存地区内の農地⑤文化財保護法に規定する文科大臣の指定を受けた史跡、名勝、天然記念物である農地⑥地方税法第348条により固定資産税を課されない農地。

生産緑地
せいさんりょくち

　公害または災害の防止、生活環境の確保に相当の効用があり、公共施設などの敷地の用に供する土地で、用排水などから農林漁業の継続が可能な条件を備えていると認められる地区（生産緑地地区）内の土地または森林。

農地の利用集積
のうちのりようしゅうせき

　所有権の移転、利用権の設定、作業受託などによって農地の権利移動と集積を行うこと。

農地流動化
のうちりゅうどうか

　農地の権利移動のこと。貸借（賃借権・利用権の設定・移転）、売買（所有権の移転）による移動のこと。経営規模を拡大したい農家や企業、農地所有適格法人などに対し、効率的な生産ができるように農地の権利移動を促進すること。

農地流動化率
のうちりゅうどうかりつ

　担い手へ集積されている作業受託を含めた農地面積割合（農地の貸し借りまたは農作業を受託している面積の割合）。

農地流動化率（％）＝（農地法第
3条許可による権利移転面積＋農
業経営基盤強化促進法による権利
の設定・移転面積）－（無償所有権
移転面積＋有償所有権移転のうち
交換面積＋使用貸借による権利の
設定移転面積＋賃貸借による権利
の転貸移転面積＋農業経営基盤強
化促進事業による経営受託面積）/
農振地域内の現況農用地面積

農地移動適正化あっせん事業
のうちいどうてきせいかあっせんじぎょう

　農業委員会法第6条第2項の規
定および農振法第18条に基づく農
業委員会が実施する事業。農業委
員会が農地を売りたい、買いたい、
貸したい、借りたい農家の間に立
ちあっせんし、農業経営の規模拡
大などに向け農地等の権利移動を
方向づける。対象となるのは農用
地区域内にある農地、採草放牧地、
農業用施設用地、未墾地。対象農
家は意欲と能力を持った一定年齢
以下の者で、権利取得後の経営面
積が地域の平均経営面積を超える
者。農業委員会ではこれらの要件

をあっせん基準として作成し、こ
れを満たす農家をあっせん譲受
等候補者名簿に登録する。あっせ
んの申し出があったときはあっせ
ん委員2名を指名し、受け手とな
る者をあっせん譲受等候補者名簿
から選定し、あっせんする。あっ
せん委員はあっせん後、あっせん
調書を作成し農業委員会に報告す
る。

農地移動適正化あっせん基準
のうちいどうてきせいかあっせんきじゅん

　農業委員会が農地等の権利移動
のあっせんを行うため、知事の認
定を受けて定める基準。あっせん
基準には①農用地等の権利を取得
させるべき者のうち農業を営む者
についての要件②農用地等の権利
を取得させるべき者に対するあっ
せんの順位③農用地等の権利を取
得させるべき農業を営む者が2人
以上いる場合におけるあっせんの
順位 ── を定めなければならな
い。

農地利用集積円滑化団体
のうちりようしゅうせきえんかつかだんたい

　農地利用集積円滑化事業を行った主体（実施主体）。2019年の農業経営基盤強化促進法の改正時に農地中間管理機構に統合一体化された。農地利用集積円滑化団体になることができたのは市町村、市町村公社、農協、土地改良区、地域担い手育成総合支援協議会などであり、同団体になるためには市町村農業経営基盤強化促進基本構想に農地利用集積円滑化事業について記載し、1.当該市町村が実施主体の場合は農地利用集積円滑化事業規程を定めること、2.当該市町村以外が実施主体の場合は農地利用集積円滑化事業規程を定めて市町村の承認を受けることが必要だった。

　　→農地利用集積円滑化事業

農地銀行活動
のうちぎんこうかつどう

　農地銀行とは農業委員会等に置かれた組織で、規模縮小農家から貸し付けなどの希望のあった農地を、規模拡大を望む農家に紹介・あっせんすることを業務とする。農水省が1979年度に「農地銀行活動事業」と銘うって補助事業化し、全国の市区町村で実施された。

農用地利用集積計画
のうようちりようしゅうせきけいかく

　農業経営基盤強化促進法に基づき市町村が育成すべき農業経営に農用地の利用権および所有権を集積するための計画。農地利用集積の加速による担い手育成に向け、複数の賃貸借関係や売買関係を一括して成立させる。農業委員会が計画案を審議決定し、市町村が公告することで効力が生じる。農地法第3条による許可の場合は当事者間で賃貸借契約あるいは売買契約があり、3条許可によりその契約の効力が発することとなるが、農業経営基盤強化促進法による利用権設定等の場合は、公告された「農用地利用集積計画」そのものが契約としての性格を有する。

団地化
だんちか

　農業経営の効率化を図るため、同一の作物を栽培している農地をまとめ一団の農地として面的に集積すること。

連坦団地
れんたんだんち

　圃場が直接または畦畔、農道などを境に隣接（連坦化）し、かつ農作業上、排水管理上まとまっている（団地化）こと。

土地利用型農業
とちりようがたのうぎょう

　効率的な土地利用を前提とした農業。多くの面積を要する露地栽培作物を栽培する農業経営。主に水田を中心とした農業。

資本集約型農業
しほんしゅうやくがたのうぎょう

　施設園芸や畜産などのように化学肥料や農業機械など資本、労働力を集約的に土地に投入するという近代的な農業スタイル。

農業経営基盤強化促進事業
のうぎょうけいえいきばんきょうかそくしんじぎょう

　農村における高齢化、兼業化の進行とこれに伴う農業の担い手の減少、耕作放棄地の増加を防ぎ、経営感覚に優れた効率的かつ安定的な農業経営を育成するため、関係機関などの協力のもとで、認定農業者の育成・支援とこれらの活動による地域農業の担い手の確保および農地の有効利用・保全活動などを一体的に行おうとする事業。市区町村が定めた農業経営基盤強化の促進に関する基本的な構想に基づき、農業委員会の決定を経て農地法によらずに農地の貸し借りができる。

権原（農地）
けんげん（のうち）

　法律的行為または事実的行為をすることを正当とする法律上の原因をいう。権限と混同を避けるため「けんばら」ともいう。農地においては農地法等に基づき所有権、賃借権などの権原を有するものを指す。

利用権

りようけん

　農業経営基盤強化促進法に定められる①農業上の利用を目的とする賃借権もしくは使用貸借による権利②農業経営の委託を受けることにより取得される使用および収益を目的とする権利のこと。同法により設定された農地の賃貸借は農地法第3条の許可を必要としない。

利用権設定率

りようけんせっていりつ

　農用地利用集積計画作成市町村の農用地面積に占める利用権設定面積の割合。利用権設定率（％）＝農業経営基盤強化促進事業による利用権設定面積／農振地域内の現況農用地面積×100

利用権設定等促進事業

りようけんせっていとうそくしんじぎょう

　市町村が農業委員会などと協力して農地の権利移動を調整するもの。地域内で掘り起こし活動をして農地の出し手を探したり、貸したい・売りたい農家からの相談を受け、農地の売買・貸借の内容を農用地利用集積計画にまとめる。これが公示されると計画の内容どおりに所有権が移り、利用権が設定されることになる。利用権とは賃貸借、使用貸借（無償）、農業経営の受委託の3種類。

利用調整活動

りようちょうせいかつどう

　農業委員会などが認定農業者などの希望に沿う農地を探したり、利用権の設定が行われるようにするため、農地の所有者などとの間で利用権設定等のために行う合意形成活動。

賃貸借の解約制限

ちんたいしゃくのかいやくせいげん

　農地等の賃貸借の当事者は知事の許可を受けなければ賃貸借の解除などをすることができない。ただし合意解約や農事調停による解約などの場合には許可は不要で、農業委員会への通知が必要。（農地法第18条）

賃貸借の対抗力
ちんたいしゃくのたいこうりょく

　賃借権を登記すれば権利を取得した第三者に対し民法上賃借権を対抗できるというもの。農地法では農地の引き渡しさえ受けていれば、登記をしていなくても土地を取得した新所有者に賃借権の存続を主張できる。（農地法第16条）

合意解約
ごういかいやく

　賃貸人と賃借人とが双方合意により賃貸借契約を終了させること。土地の引き渡しの時期が合意が成立した日から6か月以内であり、かつその旨が書面で明らかな場合や、民事調停法による農事調停により行われる場合には知事の許可は不要である。この場合、合意による解約をした日の翌日から数えて30日以内に通知書を農業委員会に提出しなければならない。合意解約はそれ自体がひとつの契約である。（農地法第18条）

離作料・離作補償
りさくりょう・りさくほしょう

　解約などで農地の賃貸借が終了することによって賃借人が被る農業経営上の損失を補う給付。また借地を耕作する権利、いわゆる耕作権が消滅することに対する補償として支払われているが、地域ごとの慣行として行われているもので、農地法などの法令による規定はない。

農園利用方式
のうえんりようほうしき

　相当数の者を対象に、定型的な条件でレクリエーションなど営利以外の目的で農地を継続して行われる農作業の用に供するもの。賃借権その他の使用および収益を目的とした権利の設定または移転を伴わないで農作業の用に供するものに限る。農業者（農地所有者）が農園に係る農業経営を自ら行い、利用者（都市住民など）が農園に係る農作業の一部を行うため当該市民農園に入場するといった方式で、農業者の指導・管理のも

とに農作業を体験するもの。農業者と利用者が農園利用契約を締結する。

特定農地貸付け
とくていのうちかしつけ

地方公共団体(所有権取得も可)または農業協同組合（組合員所有農地について賃借権、その他の使用収益権の設定に限る）が行う農地の貸し付け。以下の要件を満たす必要がある。①1区画が10a未満で、相当数の対象者に定型的な条件で貸し付ける②利用目的が営利を目的としない農作物の栽培であること③5年を超えない利用期間であること。特定農地貸付け法に基づくもので農地法第3条の許可は不要。

農地保有合理化促進事業
のうちほゆうごうりかそくしんじぎょう

営利を目的としない公的な法人（農地保有合理化法人）が農地の売買、貸借を仲立ちする事業で、公的な機関が間に入ることで初めて農地の権利取得をする人でも安心して農地の買い入れ、借り入れをすることができる。

農地保有合理化事業
のうちほゆうごうりかじぎょう

離農農家や規模縮小農家等から農地を買入れまたは借入れ、規模拡大などで経営の安定を目指す農業者に対して、農地を効率的に利用できるよう調整した上で、農地の売渡しまたは貸付けを行う事業。

農地貸付信託事業
のうちかしつけしんたくじぎょう

農地を貸付により運用することを目的とする信託を農地保有合理化法人が引き受け、認定農業者などの意欲ある担い手へその農地を貸付することで、優良農地の有効活用を図るとともに都市部で生活する農地所有者のニーズに応える事業。2005年の基盤強化促進法の改正により創設された。

農地所有適格法人出資育成事業

のうちしょゆうてきかくほうじんしゅっしいくせいじぎょう

　農業経営基盤強化促進法に基づく認定農業者である農業法人を支援する事業。農業法人の自己資本の充実と経営規模の拡大を図るため、一定の要件を満たす農地所有適格法人に対し農地中間管理機構が農用地等を現物出資し、その現物出資にともない付与される持ち分のすべてを当該農地所有適格法人の他の構成員に15年以内で計画的に譲渡する事業。2005年の農業経営基盤強化促進法の改正により、現物出資だけでなく金銭出資も行えるようになった。2015年度の農地法改正以前は「農業生産法人出資育成事業」の名称だった。

買入協議制度

かいいれきょうぎせいど

　農地の所有者から農業委員会に農地を売り渡したいという申し出があった場合に、農業委員会が認定農業者への利用集積を図るため農地利用集積円滑化団体または農地中間管理機構による買い入れが必要と認めた場合に行う農業経営基盤強化促進法に基づく制度。買入協議が成立すれば前述の機構および団体は農地を買い入れる。農地を売り渡した者は譲渡所得について1,500万円が特別控除され、所得税が軽減される。

リース農場

リースのうじょう

　農業公社等（農地保有合理化法人）が離農跡地や後継者不足の農地および施設を整備し、新規就農者などに一定期間リースし、譲渡する仕組み。

特定法人貸付事業

とくていほうじんかしつけじぎょう

　2005年の農業経営基盤強化促進法の改正により、担い手の不足などにより耕作放棄地が相当程度存在する地域において地域活性化と農地の有効利用の観点から農業生産法人以外の法人のリース方式による農地の権利取得を可能とする事業。農地の貸借規制を緩和した

2009年の同法改正により廃止された。

売払
うりはらい

　国が管理している土地等で市街化区域に所在する土地または農耕不適地として認められた土地について、旧所有者（国が買収する以前にその土地を所有していた者）またはその承継人に売り払う。旧所有者などが買い受けを希望しない場合は入札等により旧所有者等以外の者へ売り払うことができる。

売渡
うりわたし

　買収により国が取得した市街化区域以外に所在する農耕に適する土地について、農地法第3条に規定している農家資格を有する者に農地として売り渡し（払い下げ）をすること。

農事調停
のうじちょうてい

　民事調停法によるもので、農地または農業経営に附随する土地、建物その他の農業用資産（農地等）の貸借その他の利用関係の紛争に関する調停。裁判所に申し立てをする必要がある。

和解の仲介
わかいのちゅうかい

　農地の貸し借りや売買などにおいて、農地等の利用に関する紛争が発生し、当事者双方または一方から和解の仲介の申し立てがあったとき農業委員会が間に入り両者から聴き取り調査し、和解の仲介を行う。農業委員会は申し立てがあったとき3人の仲介委員を指名し仲介を開始する。知事へ仲介開始の通知を行い、場合によっては知事に和解の仲介を申し出ることができる。仲介結果を当事者へ報告する。

筆界未定地
ひっかいみていち

　隣地との筆界（境界）が決まっていない土地。地籍調査の一筆地調査において、境界の話し合いがつかない、境界立会を拒否した場合などで筆界杭を打てない土地は筆界未定となる。筆界未定地はそのままでは土地の分筆登記や地目の変更登記ができないが、その全部の土地についての地目変更、合筆の登記申請は便宜上受理されるときもある。

下限面積要件
かげんめんせきようけん

　農地の権利取得に際し、農地の権利取得後の経営面積が原則50 a（北海道2 ha）以上となるよう下限面積の要件が農地法で定められている。以下の例外措置がある。①農業委員会が地域の実情に応じてより小さい別段の面積を定めることができる②ビニールハウス栽培などの集約的な栽培を行う場合には下限面積要件は適用されず、10〜20 a 程度の面積でも許可され

ている実績がある③市町村が農用地の売買や貸借等の権利の設定移転について権利者の同意を得て作成する、農業経営基盤強化促進法に基づく農用地利用集積計画による場合。同計画は①農用地のすべてで耕作または養畜の事業を行う②必要な農作業に常時従事する③利用権の設定等を受ける農用地を効率的に利用して耕作または養畜の事業を行うの3要件を満たし、かつ市町村の基本構想に適合していることが求められる。

下限面積
かげんめんせき

　→下限面積要件

別段面積
べつだんめんせき

　→下限面積要件

有益費
ゆうえきひ

　賃借の目的物を改良して価値を増加させる費用のこと。農地の貸借においては賃借人が借地に改良

投資を行った場合の有益費の処理を明確にする必要がある。

地代
ちだい

土地を借りている者が地主に対し土地の使用権として払う金銭、その他の物。借地料。生産費調査においては実際に支払った小作料に調査対象作物の負担率を乗じて算出する「支払い地代」と、類似の小作料によって評価し、作物の負担率を乗じて算出する「自作地地代」とに区分される。

賃借料
ちんしゃくりょう

耕作を目的とした農地に設定された地上権または貸借権の賃料。原則として民法上、当事者間の合意で賃借料が決まる。

標準小作料
ひょうじゅんこさくりょう

農地法第23条第1項に基づき市町村農業委員会がその市町村内の農地について自然条件などに応じて定めていた小作料の標準額のこと。賃貸借当事者の小作料決定の目安になっていた。2009年の農地法改正により廃止された。

賃借料の前払い制度
ちんしゃくりょうのまえばらいせいど

農地保有合理化法人が流動化する農地を農地所有者からいったん借り受け、賃借料を一括して前払いする制度。3〜10年分の合計額を前払いできる。合理化法人はその農地を認定農業者などの担い手に転貸する。自ら耕作する意思のない所有者はまとまった賃借料を一括して受け取れ、耕作する担い手は賃借料を合理化法人に毎年支払うことで、過重な負担を避けられる。

自作地
じさくち

耕作の事業を行う者が所有権に基づいて供している農地のこと。

小作地

こさくち

　所有権以外の権原（賃借権、永小作権、地上権、質権など）に基づいて耕作の事業に供されている農地。所有者からみれば貸付地。2009年の農地法改正により見直され、「借地」などと呼ばれるようになった。

残存小作地

ざんぞんこさくち

　農地改革前からの小作地で、農地改革の時、所有者の保有小作地として認められ現在まで残存してきたもの。

解除条件付き貸借

かいじょじょうけんつきたいしゃく

　2009年に改正された農地法、農業経営基盤強化促進法に基づき①農作業常時従事者以外の個人②農地所有適格法人以外の法人（業務を執行する役員のうち1人以上の者が耕作などの事業に常時従事）が農地の権利を取得する貸借のこと。借りた農地を適正に利用して

いない場合に貸借を解除できる旨の条件が付されるとともに、地域の他の農業者との適切な役割分担のもとに農業経営を継続的・安定的に行うと見込まれることなどが要件となる。

不在地主

ふざいじぬし

　自らは耕作せず、居住地から離れた地区に多くの田畑を所有している所有者。自作地や小作地の近くに居住している所有者は「在村地主」という。不在地主が農地を所有するようになった理由は営農意欲と無関係な相続が最も多く、耕作放棄の要因ともなっている。

永小作権

えいこさくけん

　耕作または牧畜のため小作料を支払って他人の土地を使用する用益物権。農地改革により原則として強制買収されて永小作人に売り渡され、ほとんど存在していない。賃借権と違い物権であり、所有者の承諾がなくても第三者にその土

地を利用させることができる。

使用収益権
しようしゅうえきけん

　地上権、永小作権、使用貸借による権利。賃借権その他所有権以外の農地等について使用および収益を目的とする権利。

自作農財産
じさくのうざいさん

　農地改革が行われ、農地、採草放牧地、山林などを国が直接買収したが、さまざまな理由によって売り渡しができずに残り、現在も農林水産大臣が管理を行っている農地等をいう。管理の大部分は農地法により知事が行っている。自作農財産は、国が取得した経緯により「国有農地等（農地、採草放牧地）」と「開拓財産（未墾地）」に区分される。

開拓財産（未墾地）
かいたくざいさん（みこんち）

　農地改革の一環として食料の増産と帰農促進のために自作農創設

特別措置法や農地法によって山林原野など未墾地を国が買収して入植者等に売り渡しを行ったうち、現在も農林水産大臣が管理しているもの。

国有農地等（既墾地）
こくゆうのうちとう（きこんち）

　農地改革を行うための法律、自作農創設特別措置法(1946年制定)やその後制定された農地法によって国が買収した農地等のうち現在も農林水産大臣が管理しているもの。

成功検査
せいこうけんさ

　開拓財産で売り渡した土地等の利用状況検査のことをいう（農地法第71条）。売渡通知書通りに利用されているかどうか、さらに農地とすべき土地の開墾を完了しているかどうかを検査する制度。

農耕貸付
のうこうかしつけ

　自作農財産を農耕の用に供す

るための目的で貸し付けを行うこと。開拓財産については、農地法第68条により一時使用および農地法施行規則第44条の貸付申し込みに関わる貸し付け、国有農地等にあっては国有財産管理規定による貸し付けに区分され、いずれも知事が行う。

嘱託登記
しょくたくとうき

　国、県あるいは市町村などが公共事業のために用地を取得する場合に、官公署が登記所に申請する登記のことをいう。農用地利用集積計画の公告があった土地の登記については政令で農業委員会が嘱託登記をすることができる。

農地基本台帳（農地台帳）
のうちきほんだいちょう（のうちだいちょう）

　「農家基本台帳」として始まった農業委員会が農地の情報を管理するための仕組み。1985年に農業委員会交付金事業により全農業委員会に整備が義務づけられた法令事務を処理するに当たり必要な資料となる。整備の対象となるのは農業委員会の区域内の農家（都府県にあっては10a以上、北海道にあっては30a以上の農地につき耕作の業務を営む世帯）。記載事項は世帯員および就業者（氏名、年間農業従事日数、自家農業従事程度、兼業など）、営農の状況（主要農機具台数など）、土地総括表（経営面積、筆数、貸付地面積）、経営農地などの筆別表（所在、地目、登記簿面積、所有者など）。2013年の農地法改正で「農地台帳」として法定台帳となり、地図とあわせて整備し、情報の一部をインターネットや窓口で公表することになった。

現況地目
げんきょうちもく

　実際に利用されている用途によって設定された地目。

固定資産台帳
こていしさんだいちょう

　事業の用に供している所有する固定資産（取得価額が10万円以上

であり、かつ耐用年数1年以上の資産)について減価償却の進捗度や未償却残額を把握するために作成される帳簿。

台帳地目
だいちょうちもく

登記簿に記載されている地目。登記地目。

買受適格証明（競売適格証明）
かいうけてきかくしょうめい（きょうばいてきかくしょうめい）

農地の競売に参加しようとするときは農地を買い受ける資格がなければ参加できない。適した人かどうかを証明するのが買受適格証明書で、農地法の許可または届け出受理の権限を有する農業委員会などが交付することになっている。交付の手続きは農地法の許可または届け出の手続きに準じて行う。

現況確認証明（非農地証明）
げんきょうかくにんしょうめい（ひのうちしょうめい）

非農地になってから相当の年数が経過し、農業委員会が現況農地

とは認められないと判断した場合に出す証明。転用許可ではなく非農地証明でも地目変更ができる（農振農用地から除外されていることが前提）。

現地確認不能地
げんちかくにんふのうち

滅失地もしくは不存在地でありながら、所有者が当該土地であることについて調査することに承認が得られない、もしくはその他の理由で現地において確認できない土地。

現況証明（転用事実証明）
げんきょうしょうめい（てんようじじつしょうめい）

転用許可を受けた後、その土地が目的通り転用されたことを証明するもの。

耕作証明
こうさくしょうめい

申請者が関係農地に関して、自作または小作により適法に耕作されていることを証明するもの。世帯内の耕作面積を証明する。

農業経営の実態証明

のうぎょうけいえいのじったいしょうめい

　農業従業者の状態（従事日数・年数など）・耕作面積・所有農機具などについて証明するもの。農地の転売の譲受人が市町村外居住者の場合、他市町村農業委員会に農地法第3条申請添付のために使用。

農地の事後規制

のうちのじごきせい

　農地の売買や貸し借りにおいて農業外部でもやる気のある者には門戸を開くべきであり、農業委員会の許可という事前の規制を緩和し、転用規制など事後の対応を厳格化すべきとする意見。農業委員会組織は荒廃してしまった後の規制では農地が守れないと反対している。

相続未登記農地

そうぞくみとうきのうち

　農地の登記名義人が死亡しており、相続人が多数に及ぶ農地や相続登記していないが事実上管理している者がいる農地、数人による共有名義となっている農地などをさす。

2　土地改良

土地改良事業
とちかいりょうじぎょう

　農業農村整備事業のうち土地改良法の中で事業を行うための手続きが定められている事業のこと。圃場整備、灌漑排水、湛水防除、農地造成、ため池整備、農道整備などの事業があるが、国土資源の総合的な開発および保全に資するとともに国民経済の発展に適合するものとなっている。

畑地帯総合土地改良事業
はたちたいそうごうとちかいりょうじぎょう

　「畑総」と略称される1968年度創設の事業。畑地の土地基盤を総合的に整備するための主力事業として中心的な役割を担ってきた。

　1994年度からは名称を「畑地帯総合整備事業」に変えて継続されている。事業主体は都道府県で、畑地帯の農業生産基盤整備などを通じ、担い手を育成・強化し、畑作物の生産振興と畑作経営の改善・安定を図る。

一体施行（圃場整備事業）
いったいせこう（ほじょうせいびじぎょう）

　圃場整備事業とあわせ河川事業、土地改良事業などを同時・一体的に施行するもので、効率的な公共事業の施行で経費節減ができる。

換地
かんち

　土地改良法などに基づき、分散していた農地を圃場整備事業などによって新しい農地としてまとめ（集団化し）、原則として工事前と同等に所有権などを割り当てること。

交換分合

こうかんぶんごう

　土地改良法などに基づき、農地を集団化するために一定地域内の農地について区画、形状、地番を変えずに所有権を移転（交換）すること。

異種目換地

いしゅもくかんち

　従前地の農用地を非農用地区域に換地するもの（農家住宅、分家住宅など）。

一時利用地

いちじりようち

　従前の土地に代えて使用収益させる土地。一時利用地の指定を受けた者は指定の日から換地処分の日までの間、一時利用地を使用収益する権利を得るとともに、従前の土地の使用収益権を失う。（土地改良法第53条の５）

裏指定

うらして い

　仮換地となるべき土地の従前の所有者に対して行われるものであり、自分の土地が他の仮換地としてどのように指定されているかを示すもの。

換地計画

かんちけいかく

　従前の土地に対してどのような換地を交付するか、清算金、所有権以外の権利などの指定方法などを定める計画。

換地処分

かんちしょぶん

　圃場整備後、土地区画整理事業の施工者が換地計画で定められた換地を従前の土地の関係権利者に割り当てる行政処分のこと。

管理権

かんりけん

　換地を伴う事業で、事業主体が使用および収益することを停止された土地を換地処分公告日まで管理する権利。

共同減歩
きょうどうげんぶ

　新たに必要な土地改良施設、農業経営合理化施設、生活環境施設などの敷地を、全員が共同で土地を減歩することにより創設する換地で生み出すこと。

創設換地
そうせつかんち

　従前の土地はないが、新たに換地を定めること。共同減歩見合いの創設換地と、不換地・特別減歩見合いの創設換地とがある。

創設非農用地換地
そうせつひのうようちかんち

　圃場整備において非農用地が必要な場合に従前の土地がなくても換地計画の中で新たに生み出すことをいい、「共同減歩による創設非農用地換地」と「不換地・特別減歩見合いの創設非農用地換地」がある。

特別換地
とくべつかんち

　普通換地の要件、「非農用地であって引き続き非農用地として利用される土地は非農用地区域内へ、その他の土地は非農用地区域外へ換地を定めること」「換地が従前の土地に照応していること」「地積の増減割合が2割に満たないこと」のいずれかが満たされないもの。土地所有者および耕作者など関係権利者の同意が必要。

特別減歩
とくべつげんぶ

　従前の土地の地積を減じて換地すること（土地所有者の申し出または同意および耕作者の同意が必要）。

不換地
ふかんち

　従前の土地の所有者の申し出または同意に基づき、従前の土地に対する換地を定めないこと（土地所有者の申し出または同意および耕作者の同意が必要）。

圃場整備事業
ほじょうせいびじぎょう

　圃場の区画形質の改善、農道・用排水路の整備などを総合的に実施するとともに、事業の実施を契機とした農地流動化を促進することにより農業の生産性向上と担い手を育成する事業。

圃場整備
ほじょうせいび

　小さな区画の農地を大きな区画に整理し、あわせて用排水路、農道などを計画的、効率的に配置するとともに、農地の集団化を図り生産性を向上させるための整備を行うこと。

負担金
ふたんきん

　国または地方公共団体、土地改良区などが農業水利施設などの整備または管理などに必要な経費として受益者に対して課す金銭。

賦課金
ふかきん

　土地改良区が農業水利施設などの整備または管理などに必要な経費として受益者に対して課す金銭。→負担金

耕区・圃区・農区
こうく・ほく・のうく

　一般的な圃場の区画は次のように定義される。「農区」は周辺を農道によって囲まれた区画で、同一条件の水管理および農作業を行いうる区域。「圃区」は小排水路と農道などの永久施設に囲まれた区域。「耕区」は畦畔などによって境界が明らかになる耕作上の最小単位。

整備済水田
せいびずみすいでん

　区画30ａ以上で、用排水などの条件が完備され、中・大型機械化体系で営農可能な水田。

標準区画
ひょうじゅんくかく

区画整理の基本となる大きさと形の区画。30 a （30m×100m）程度の長方形耕区である。現在の圃場整備においては1 haを超える大区画圃場が標準区画として採用されている。

大区画圃場
だいくかくほじょう

水田の圃場面積について1 haを基本とするもの。大区画とは区画の大きさが1 ha程度以上に整備されたものをいう。区画を大きくすることにより労働生産性が高まり、稲作生産コストが下げられる。

均平化区画
きんぺいかくかく

水田農業の今後の低コスト化、生産性向上のために大規模化することを考慮し、従来の30 a区画を拡大し、1 ha程度の区画を設定することをいう。大区画化に伴い、区画圃場の不陸均平、湧水処理、均平地区の畦畔除去などを行う。

客土事業
きゃくどじぎょう

客土とは開発区域外の表土を採取し、その表土で開発区域内の必要部分を覆うことで、その土地に適した土壌を搬入し散布し改良する事業のことをいう。

均平整地
きんぺいせいち

田面を平らに整地する工事のこと。圃場整備において均平が悪いと田面乾燥が均等にできなかったり、あるいは搬入作土厚が不均一となって生育にむらが生じる原因となる。均平整地には心土基盤の切盛完了後に行う基盤整地と、表土戻し完了後に行う表土整地の二つがある。

三条（土地改良法）資格者
さんじょう（とちかいりょうほう）しかくしゃ

土地改良事業によって利益を受ける者で、土地改良事業の施行に係る地域内にある土地につき土地

改良法第3条に規定する資格を有するもの。

水田畑地化
すいでんはたちか

　水田で大豆・麦、野菜などの畑作利用ができるようにするため、水田に排水改良などの基盤整備を施すこと。

施策開田
しさくかいでん

　土地改良事業実施地区のうち開田計画が承認された地区にあって承認された計画に従って新たに造成された水田。

田寄せ・畑寄せ
たよせ・はたよせ

　土地改良法などに基づく土地改良事業その他の公共事業、または農業者自らが土地改良法に基づかずに行う不整形圃場の整備の実施後に水田を含む土地利用形態の変更をすること。計画書を市町村長へ申請し、都道府県知事の承認を得る。

田畑輪換
でんぱたりんかん

　水田転作地における連作障害を回避するために、水田の状態（輪換田）と畑の状態（輪換畑）とを数年単位に交互に繰り返すこと。

土地改良基金
とちかいりょうききん

　土地改良法に規定する土地改良事業の円滑な推進に必要な財源を確保し、財政の健全な運営のために土地改良区などが設置する基金。

土地改良施設
とちかいりょうしせつ

　農業用の用排水路、頭首工、揚排水機場、ダム、ため池、農道などの土地改良事業によって造成された施設。

汎用化水田
はんようかすいでん

　通常の肥培管理で麦、大豆などの畑作物を栽培できるよう、水田に排水路や暗渠（地下水位を調整

するため地中に埋めた有孔パイプなどの排水施設）を整備して水はけを良くすること。これらは主に圃場整備により実施される。一般に汎用田とは①冬期間地下水が地表面より約70cm以深であること②10年に一度の大雨が4時間降った場合、4時間以内で排水可能なこと③区画が30a程度以上に整備済みであること――の三つの条件を満たしているものをいう。

表土扱い
ひょうどあつかい

圃場整備事業での整地工事で地盤の切土・盛土工事の際に、農家が耕土として長く培ってきた表土を工事のために集積し、表土より下の地盤の切土・盛土工事後に再び表土として敷きならして行う整地工事のこと。

ブロックローテーション
ブロックローテーション

地域内の水田を数ブロックに区分し、そのブロックごとに集団的に転作し、（基本は）1年ごとに他ブロックに移動し、数年間で地域内のすべてのブロックを循環する土地利用方式のこと。連作障害や富栄養化現象を回避することができる。一方、米を作付けない不利を均等化・分散化する意味合いもある。

輪作
りんさく

一定年の期間、同じ圃場において種類の違う作物を一定の順序で栽培すること。土地利用率の向上、土壌伝染性病害虫や雑草の発生抑制、土壌養分のバランス維持による地力の維持増進などを図る効果があるとされている。

不陸
ふりく

水平でないという意味。不陸を調整するため農地造成や圃場整備の際にできた凸凹をブルドーザーなどで整地し修正する。この作業を不陸ならしという。

地力

ちりょく

土地が作物を生育させることができる能力、土地の生産力。養分的性格（高収量、高品質の生産を上げるための養分が十分で適当なバランスで適切に供給される必要があること）と機能的・容器的性格（肥料の保持力、緩衝能、有害物の消去性、保水や排水の機能、微生物活性などを総合的に発揮できる条件をもった土壌であること）の二つの性格がある。

乾田

かんでん

非灌漑期に地下水位が1m以下の水田で、作土の土壌水分が畑と同じ程度になり、有機物の分解が順調に進む。中干しをすると数日で田面が乾燥する。

半湿田

はんしつでん

地下水位が50～100cm範囲の深さにある水田で、土壌断面図が乾田と湿田の中間にある。

湿田

しつでん

湿田は周年水面下または放水状態であり、土壌は軟弱である。地下水位が高く、有機物の分解が期待できず堆肥施用による異常還元で根系障害が発生する危険がある。

土壌改良資材

どじょうかいりょうしざい

植物の栽培に資するために土壌の性質（団粒構造、通気・透水・保水・保肥能力など）に変化をもたらすことを目的として土壌に施されるもの（地力増進法）。

灌漑

かんがい

土地の生産能力を増進する目的で、土地に組織的に水を供給分配すること。その目的により湿潤灌漑と肥培灌漑の二つの種類がある。湿潤灌漑は作物の生育に必要な水分を補給する灌漑をいう。肥培灌漑は水に含有されている作物に必要な養分を利用して土地を肥

沃にすることを目的に灌漑することをいう。また、水田灌漑と畑地灌漑がある。

灌漑排水事業（かい排）
かんがいはいすいじぎょう（かいはい）

農業用水の不足によって十分な農業生産を上げることができない場所や排水の条件が悪いため農業生産に支障が出ている場所で、安定的で効率的な水利用を行うため農業用水の確保や排水の改良など農業生産の基礎となる水利条件の整備を行う事業。用水対策としてダム、頭首工（湖沼や河川からの農業用の取水施設）、用水機場（揚水ポンプ場）、用水路などが、排水対策として排水機場（排水ポンプ場）、排水樋門、排水路などがある。

暗渠排水
あんきょはいすい

水田や畑の深さ1m程度の土の中に直径6〜9cmの土管や樹脂管を10m程度の間隔で埋め、土中や表面の余分な水を埋めた管から畑の外の排水溝に出す技術。

横断暗渠
おうだんあんきょ

コンクリート製のヒューム管などを使って道路、鉄道などを横断する用排水路の構造物。

管水路
かんすいろ

用水路には開水路形式と管水路形式があり、管水路形式（パイプライン）は地形条件に左右されず、水は管内を満流状態で圧力を受けて流れる。

開水路
かいすいろ

開水路は路線が地形条件に左右されるので、地形条件の起伏の大きい所ではトンネル、暗渠、サイホン・水路橋、落差工および急流工など工種が複雑である。

畦畔
けいはん

畦畔とは田に注いだ水が外にも

れないように田のまわりを囲うようにつくった盛り土部分のこと。土、コンクリート、ビニール板などでつくられる。田んぼの見回りなどで歩く道としても使われている。

溝畔
こうはん

　溝畔とは耕地と水路との境界に設け、水路肩および傾斜の維持をする畔。水路の一部であり、水路幅に含まれ、公有地である。

固定畦畔と移動畦畔
こていけいはんといどうけいはん

　標準区画によって造成された畦畔を「固定畦畔」といい、換地計画によって決定された耕地面積により畦畔の位置を定めるのを「移動畦畔」という。前者は畦畔の間隔が一定であり、後者は耕区面積により間隔が変わる。

進入路
しんにゅうろ

　農道などから田面に作業機械の乗り入れを可能にするために設けられた通路のことを進入路という。

農道ターン
のうどうターン

　農道と田面との高低差を0.3m程度の緩い勾配にすることにより農道上で作業機が旋回し、農道に面するどの地点からも乗り入れ可能にする方法を農道ターンという。

水利権
すいりけん

　灌漑、上水道、工業用水道など特定目的のために河川や湖沼などから水を排他的に継続して使用する権利。農業水利権には新河川法（1964年施行）に基づいて河川や湖沼などの管理者に取水し、使用することを許可された「許可水利権」と、歴史的経緯のなかで成立した水利秩序が社会的に認められた「慣行水利権」の二つがある。

調整池
ちょうせいち

取水量、通水量、用水量の不均
衡を調節し、流出増を一時的に貯
留し、下流河川への流出増を抑制
する貯水池（施設）。

新植・廃園
しんしょく・はいえん

「新植」とは苗木などを新たに
定植すること。「廃園」とは果樹
を伐採あるいは掘り取ること。既
存の果樹を掘り取って他の種類の
果樹に植え換えたときは植えた果
樹を新植とし、掘り取った果樹を
廃園とする。同一種の果樹に植え
換えた時は「改植」として扱う。

V　流通・販売

1　米　流　通

指標価格

しひょうかかく

　2011年度に米の生産者団体や卸会社でつくる全国米穀取引・価格形成センターが解散して以降、米価格の「指標」と言われる明確なものはない。農林水産省は毎月、「米に関するマンスリーレポート」を発行し、米に関する価格動向や需給動向を集約整理している。その中には年産別の相対取引価格や産地品種銘柄別価格、先物取引価格の推移、米取引関係者の判断などの情報が盛り込まれている。

無洗米

むせんまい

　精米工場で精米後に米粒表面のヌカを全て取り除いたもので、研ぎ洗いしなくてもそのまま炊ける米のこと。ヌカを取り除いてあるので①そのまま炊飯器に入れ、水を注ぐだけで炊ける②うまみ層が残っていてご飯がおいしい③とぎ汁が出ないので排水で環境を汚染しない——などの特徴がある。

特定米穀

とくていべいこく

　未熟粒を中心にしたくず米のこと。主食用以外の米菓、米粉、みそ、ビール用など原材料用米穀。

2 その他流通・販売関係

フードシステム

フードシステム

　農林水産業から食品製造業、食品卸売業、食品小売業、外食産業を経て最終の消費者の食生活に至る食料供給の一連の流れをシステムとして把握する概念。

機械共選

きかいきょうせん

　果実や野菜を出荷する際、重量や形状、品質、外観などを規格専用の機械を利用し、等級ごとに選別すること。光センサー技術の発達により厳密な選別が可能である。

カントリーエレベーター（CE）

カントリーエレベーター

　生産者の共同利用施設（大型倉庫）のこと。同施設で米、小麦、大麦、大豆などを乾燥、貯蔵、調製、出荷までを一貫して行っている。

ライスセンター（RC）

ライスセンター

　籾を対象とした共同乾燥調製を行う施設（共乾施設）である。稲作の中心的施設としてこの名がある。中心となる機械は乾燥機と籾摺機、タンクなど。農協または営農集団が個々の農家から委託を受けて、米生産の最終工程である籾乾燥・籾摺り・選別・包装・受検の業務を一括して行う。

産地精米

さんちせいまい

　生産地の精米工場で袋詰めされて直送出荷されること。消費地の卸売業者が産地で仕入れた玄米をそのまま産地で精米することを委託すること。

集出荷業者
しゅうしゅっかぎょうしゃ

　生産者から農産物の販売の委託を受けて農産物を出荷する団体。農業協同組合法（1947年法律第132号）で定める農業協同組合、農事組合法人および農業協同組合連合会ならびこれらに含まれない集荷業者の任意組合。

集出荷団体
しゅうしゅっかだんたい

　産地で生産者などから農産物を集荷して出荷する産地仲買人、産地問屋など。また産地集出荷市場に上場された農産物を買い取って他市場に出荷することを主とする業者を含める場合もある。

共同出荷
きょうどうしゅっか

　出荷のために組合をつくり、組合員の生産物をまとめて出荷を行うこと。

系統出荷
けいとうしゅっか

　農協組織を通じて生産農家が出荷を行うこと。系統出荷は出荷について規格が定められており、規格外農産物は直販など系統出荷以外で処理しなくてはならない。

コールドチェーン
コールドチェーン

　低温流通体系。できるだけ新鮮さを保つため生鮮食料品を冷凍、冷蔵、低温の状態で生産者から消費者まで届ける仕組み。

先物取引
さきものとりひき

　一定期日に商品を受け渡しすることを約束して、現時点でその価格を決める取引形態。

相対取引
あいたいとりひき

　売り手と買い手が相対で交渉し、値段、数量、決済方法などの売買内容を決定する取引方法。市場に入荷した商品の一部をセリに

かけないで、卸売会社と売買参加者の話し合いで価格を決定する。

予約相対取引
よやくあいたいとりひき

　事前に欲しい商品の数量や価格、納品日時を決めておき、セリにかけることなく仕入れをする取引形態。特殊な商品でセリに出ない場合や、長期間にわたって大量の商品を使い続ける時などに利用される。

情報取引
じょうほうとりひき

　予約相対取引などにみられるような事前出荷（入荷）情報をもとにした取引。これに対し商品を見ながら売買するのを現物取引という。情報取引が増える中、市場と産地農協・生産者との双方向の情報システム整備が進んでいる。

契約栽培
けいやくさいばい

　生産者があらかじめ業者などと品質、規格、価格などを取り決め

て栽培を行うこと。生産者グループと消費者グループ、または個人との契約などもある。

卸売市場
おろしうりしじょう

　野菜、果実、魚類、肉類などの生鮮食料品および花きそのほか、一般消費者が日常生活と密接な関係を有する農畜産物の卸売りのための施設。卸売市場法に基づいている。

卸売市場制度
おろしうりしじょうせいど

　「卸売市場法」に基づき卸売市場の整備を促進し、その適正・健全な運営を確保することにより生鮮食料品（野菜、果実、魚類、肉類など）などの取引の適正化とその生産および流通の円滑化を図り、国民生活の安定に資することを目的としている制度。

中央卸売市場
ちゅうおうおろしうりしじょう

　卸売市場法に基づき、生鮮食料

品の流通および消費上とくに重要な都市の地方公共団体が農林水産大臣の許可を受けて開設した生鮮食料品の卸売をする公共的使命をもった施設。生鮮品の特徴から生産者、消費者双方の満足する公正妥当な価格形成、迅速な荷捌きなどを行う必要がある。このため多種大量の品物を1か所に集め、集中的かつ能率的な取引を行うには卸売機能が必要不可欠であって、その卸売機能を合理的に果たす役割を担うのが中央卸売市場である。

地方卸売市場
ちほうおろしうりしじょう

　中央卸売市場以外の卸売市場で都道府県知事の許可を受けて開設する卸売市場。

卸売業者（荷受業者）
おろしうりぎょうしゃ（にうけぎょうしゃ）

　出荷者から生鮮食料品などの販売委託を受けて市場内の卸売場において仲卸業者または売買参加者に卸売をする農林水産大臣の許可

を受けた業者。

買受人（売買参加者）
かいうけにん（ばいばいさんかしゃ）

　市場外に店舗を持ち、開設者の承認を受け、セリに参加して買い受けた商品を小売販売や加工販売する業者のこと。

仲卸業者
なかおろしぎょうしゃ

　開設者の許可を受け、市場内に店舗を持ち、卸売業者から買い受けた生鮮食料品を仕分けし、売買参加権のない者および買出人に販売する業者。

せり売り
せりうり

　仲卸業者、売買参加者が指のかたちで数字をあらわして値段をつける。一番高い値段をつけた人が品物を買う。

建値売り
たてねうり

　卸売業者と買受人・仲卸業者と

の間で競売により形成された価格。

入札売り

にゅうさつうり

　買い手が用紙に値段などを書き込んで売り手に渡し、一番高い値段を付けた人に売る方法。

指値

さしね

　出荷者が一定の価格以上で販売するように値段を指示すること。この指示価格を指値という。指定する値段。

先取り

さきどり

　遠方への転送などやむを得ない場合に限り卸売市場の販売開始時刻前に行われる卸売。値段は後で行われる値決めに従うという方法。2000年7月の市場法改正により「先取り」が「相対取引」となり、売買取引の一方法として法律上で正式に認められた。

BtoC

ビィトゥシィ

　BtoC は Business to Consumer の略。いわゆるコンピューターのウェブサイトを通じたオンラインショッピング、ネットオークションなどがこれにあたる。

BtoB

ビィトゥビィ

　BtoB は Business to Business の略。売り手による逆オークションや売り手と買い手のマッチングなど多様な取引形態がある。

産直

さんちょく

　「産地直送」「産地直売」「産地直結」の略。農業者（生産組織）と消費者や消費者団体とが市場を経由することなく農水産物を直接取引すること。

生協産直

せいきょうさんちょく

　生協がいう「産直」の概念はいわゆる産直3原則、①生産地と生

産者が明確②栽培、肥育方法が明確③組合員と生産者が交流できる――の内容が満たされていればよく、「安全」という言葉は使っていない。だが「産直」に無農薬まで期待する消費者もいるなど消費者の受け止め方に温度差があるのが現状だ。

産地直結
さんちちょっけつ

　生鮮食料品を生産者と消費者が卸売市場を経由しないで直接取引すること。略して「産直」という。地域経済の振興とコストの問題、安全性の問題などから生協や消費者グループと生産者が直接に手を結んで契約栽培を行い、提携強化を目指して産直活動が行われている。また産地直結には生産者が消費地において直接販売を行う方式、生産者団体と消費者団体が直接取引を行う方式、生産者団体、スーパーなど大型小売店が消費地に一定の集配施設を設け、継続的に生鮮食料品の集分荷、代金決済を行う方式がある。

農産物直売所
のうさんぶつちょくばいじょ

　農業者が自ら栽培した農作物や地元で製造された加工食品などを消費者に直接販売する店舗。生産者が産品を持ち寄り、定期的に決まった場所で消費者に直接販売を行う。朝市・青空市・ファーマーズマーケット・「道の駅」など。

アンテナショップ
アンテナショップ

　消費者の購買動向を探るための実験店舗。新商品の販売や季節もののキャンペーンなどを行い、商品のPRとともに顧客の反応、売れ筋などの情報を企業活動に反映させるのが目的。

地場産コーナー
じばさんコーナー

　スーパーなど生鮮食料品の販売店で地域の農林水産物を一定の区画に集めて地場産表示を行い、販売する方法。

異業種交流
いぎょうしゅこうりゅう

　異なる業種・分野の人々が新たなビジネスチャンスの創造、発見のために経営、技術ノウハウなどを相互に持ち寄って交流すること。流通販売システムの確立、販売戦略の構築など経営の改善、発展を図るため、農業者が消費者や食品メーカーなどと交流・連携している。

食品産業
しょくひんさんぎょう

　食品工業（食品製造業）、外食産業、食品関連流通業（卸売、貯蔵、保管、輸送、小売など）の三者の総称である。食料・飲料を消費者に供給するまでの過程を担っている産業。

チーム・マーチャンダイジング
チーム・マーチャンダイジング

　生産（製造）から物流・販売まで一貫してチームを組み、それぞれの情報とノウハウを持ち寄り、商品を開発すること。取引先と顧客情報を共有することで消費者の求める商品開発を行い、ニーズへの柔軟な対応で無駄な在庫の削減、品切れ防止も図る。「マーチャンダイジング（商品化計画）」とは商品の仕入れから販売までの計画的な営業活動を指す。

ボランタリーチェーン（VC）
ボランタリーチェーン（ブイシー）

　多数の小売店が集合し、それぞれの独立性を維持しつつ自主的に永続的な連鎖関係を保持し、商標使用・仕入れ・物流などの事業を共同化するシステムのこと。仕入れ単価の引き下げが期待でき、独自のサービスで差別化も図れる。

ECR
いーしーあーる

　Efficient Consumer Response（効率的な消費者対応）の略。1990年代初頭に米国の食品流通業界の特に加工品で生まれた概念で、生産、卸、小売が一体で素早く効率良く流通させることを目指す。

JFコード
じぇいえふコード

　日本花き取引コード。日本で売買されるすべての花や植物の品種を区別するため５けたの数字で表した。（一社）日本花き卸売市場協会がコードの割り当てを行う。

GPセンター
じーぴーセンター

　グレーディング・アンド・パッキングセンター。鶏卵の格付け（選別）包装施設。格付けとは規格取引上の卵重区分（ＳＳ、Ｓ、ＭＳ、Ｍ、Ｌ、ＬＬ）に分別すること。実質的に流通の中心になっているＧＰセンターは鶏卵の一時的保管機能、洗浄、パック詰め、箱詰め、割卵、凍結液卵製造、冷蔵などにも対応している。

地産地消
ちさんちしょう

　国内の地域で生産された農林水産物（食用に供されるものに限る。）をその生産された地域内において消費する取り組み。食料自給率の向上に加え、直売所や加工の取り組みなどを通じて６次産業化にもつながる。

バリューチェーン
バリューチェーン

　生産から加工、流通、販売に至るまで各事業が有機的につながり、それぞれの行程で付加価値を生み出していくプロセスのこと。

VI　農産物・食品安全

食品衛生・表示

SPS協定
エスピィエスきょうてい

衛生植物検疫措置の適用に関する協定。世界貿易機関（WTO）加盟国が人、動物または植物の生命、健康を保護する措置について貿易に対する悪影響を最小限にするための国際的規律を定めたもの。

モニタリング検査
モニタリングけんさ

多種多様な輸入食品等の食品衛生上の状況について幅広く監視するため、輸入食品監視指導計画に基づき実施する検査。モニタリング検査のサンプリングは各検疫所食品監視窓口において行う。試験分析は、高度な検査技術、機器を必要とする検査を効率的に行うために設置した横浜および神戸検疫所の輸入食品・検疫検査センターなどで実施する。

モニタリング検査は、違反の可能性が低い食品について検査し、必要に応じて輸入時検査を強化するなどの対策が目的のため、その費用は国が負担。なお、検査結果の判明を待たずに輸入することは可能。

輸入食品監視業務
ゆにゅうしょくひんかんしぎょうむ

販売または営業上使用する食品、添加物、器具、容器包装などを輸入する場合はその都度、検疫所に届け出が必要。検疫所では食品衛生監視員が届け出の審査、検査などを行い、効果的・効率的に輸入食品の安全性を確保している。検査の結果、食品衛生法違反の場合は、廃棄・積み戻しなどの措置がとられる。

高温短時間殺菌法（HTST）
こうおんたんじかんさっきんほう（HTST）

　牛乳の殺菌方法の一つで、摂氏72度以上で15秒以上の殺菌処理をする。牛乳のたんぱく質の約２割を占めるホエイたんぱく質が変形しない。日本で一般的な方法は超高温殺菌法（UHT、120〜150度で１〜３秒殺菌）で、たんぱく質は熱変性するが栄養価は変わらず、保存性に優れる。

ハサップ（HACCP）
ハサップ（HACCP）

　Hazard Analysis and Critical Control Points（危害要因分析・重要管理点）の略。食品の衛生管理はこれまでは出来上がった最終製品からサンプルを取って分析することで行われてきた。一方、ハサップは食品の全製造工程を体系的に管理することで危害の発生を未然に防止し、安全を確保しようとするもの。

　2018年に改正食品衛生法が成立し、原則として全ての食品事業者がHACCPに沿った衛生管理を実施することが決まった。2020年６月の改正法施行後、１年間の猶予期間を経て、2021年６月から完全に義務化される。

日本農林規格（JAS規格）
にほんのうりんきかく（ジャスきかく）

　Japanese Agricultural Standardの略。「日本農林規格等に関する法律（JAS法）」に基づき、食品や農林水産品の品位・成分・性能などの品質の他、モノの生産方法や事業者による取り扱い方法、成分の測定方法などを担保するために農林水産大臣が制定する規格。生産物や製品などがJAS規格に適合していると判定されれば、包装や広告などにJASマークを付けることができる。

食品表示法
しょくひんひょうじほう

　食品の安全性や消費者の食品選択の機会を確保するため、食品衛生法やJAS法、健康増進法の食品に関する義務表示部分を一元化した法律。2015年４月に施行。従来

は任意表示だった栄養成分表示も義務化した。

栄養成分表示制度
えいようせいぶんひょうじせいど

　食品表示法第4条第1項の規定に基づく食品表示基準の一つで、消費者に販売する加工食品や添加物に「熱量」「たんぱく質」「脂質」「炭水化物」「ナトリウム（食塩相当量）」の成分量表示を義務づけるもの。消費者は栄養成分表示を見ることを習慣化することで、適切な食品選択や栄養成分の過不足の確認などに役立てることができる。

産地表示
さんちひょうじ

　食品表示法に基づく食品表示基準により全ての生鮮食品には「原産地」、国内製造の加工食品の「原料原産地名」、輸入品には「原産国名」の表示が義務づけられている。国内製造品で表示義務対象の品目は緑茶や餅、こんにゃくなどの22食品群4品目（2017年度時点）。原産地による原料の品質の差異が加工食品としての品質に大きく反映される品目の中で、原材料のうち単一の農畜水産物の重量割合が50%以上を占める商品を表示義務の要件としている。原産地が複数の場合は重量割合の多い国から順に表示する「国別重量順表示」が原則。

加工食品の原料原産地表示の改正
かこうしょくひんのげんりょうげんさんちひょうじのかいせい

　従来、加工度の低い一部の加工食品に限られていた原材料の原産地表示義務を全ての加工食品に拡大した改正。約5年の移行期間を経て、2022年4月から完全施行。重量割合が最も多い原材料の産地国が表示義務の対象。複数国にまたがる場合は重量順に表示する。3か国目以降は「その他」と表示できる他、原産国の特定が難しい場合などでは「または」「輸入」などの例外表示も認めた。

特定保健用食品（トクホ）
とくていほけんようしょくひん（とくほ）

　健康の維持増進に役立つと科学的根拠により認められ、「コレステロールの吸収を抑える」など食品が持つ特定の保健の効果を表示して販売される食品。製品ごとに食品の有効性や安全性の審査を受け、表示について国の許可を得る必要がある。許可を受けた特定保健用食品には包装などにマークを付ける。

栄養機能食品
えいようきのうしょくひん

　栄養成分（ビタミン12種類、ミネラル5種類のいずれか）の機能の表示をして販売される食品。1日当たりの摂取目安量に含まれる当該栄養成分の量が国の基準で定められた上・下限値の範囲内にあれば、特に届け出等をしなくても国が定めた表現で表示できる。栄養機能表示だけでなく、注意喚起なども表示する必要がある。

機能性表示食品
きのうせいひょうじしょくひん

　科学的根拠に基づく機能性を事業者の責任で表示した食品。販売前に安全性や機能性の根拠に関する情報などを消費者庁に届け出る必要がある。個別に国の許可を得なければならない特定保健用食品とは異なり、国による製品ごとの安全性や機能性の審査は必要ない。

生鮮食品品質表示基準
せいせんしょくひんひんしつひょうじきじゅん

　食品表示法第4条第1項の規定に基づき定められた基準。生鮮食品を販売する者は名称のほかに原産地を「事実に即して表示」することとなっている。「農産物」の国産品は都道府県名の記載が義務付けられ、市町村名その他一般に知られている地名は記載ができることになっている。「畜産物」の国産品は国産である旨か主たる飼養地が属する都道府県名、市町村名、その他一般に知られている地名を記載できる。生産して一般消

費者に販売または設備を設けて飲食させる場合は除く。

トレーサビリティ

トレーサビリティ

食品がどのようにつくられ、加工されたかなど生産、流通過程の情報を追跡する仕組み。BSE発生によって食の安全性への不信が高まったことから、信頼回復のための手法として導入された。JA全農が行うトレーサビリティシステムでは素牛農場・肥育農場の生産履歴や産地食肉センターでの個体管理などの情報が検索できる。

リスクコミュニケーション

リスクコミュニケーション

送り手の都合の良い情報だけでなく、事故が発生するであろうといったマイナス面も含めて情報を開示し、対策を立てて危険（リスク）を回避する手法。英国でBSEが問題化したとき、わが国できちんとしたリスク評価をして対応すべきだったとの反省からBSE対策の手法として取り入れられた。

食品安全性に関するリスク分析

しょくひんあんぜんせいにかんするリスクぶんせき

国民がある食品を摂取することによって健康に悪影響を及ぼす可能性がある場合、その状況をコントロールする過程のこと。可能な範囲で食品事故を未然防止したり、悪影響の起こる確率や程度を最小限にすることなどを目的とする。リスク評価、リスク管理、リスクコミュニケーションの3つで構成される。

有機的に生産される食品の生産、加工、表示および販売に係るガイドライン（コーデックスガイドライン）

ゆうきてきにせいさんされるしょくひんのせいさん、かこう、ひょうじおよびはんばいにかかるガイドライン（コーデックスガイドライン）

国連食糧農業機関（FAO）と世界保健機関（WHO）が合同で設置した国際食品規格を作る国際的な機関（コーデックス委員会）が1999年に決めた有機農産物の生産に関わる国際的な基準のこと。有機畜産物については2001年7月

に追加され、有機的な栽培の飼料の給与、適切な飼養密度、動物の行動要求に配慮した飼養体系と、動物用医薬品（抗生物質を含む）の使用を避けるなどを組み合わせた飼養管理を行うこととしている。

コーデックス食品規格委員会
コーデックスしょくひんきかくいいんかい

消費者の健康の保護、食品の公正な貿易の確保などを目的としてFAOおよびWHOにより設置された国際的な機関。国際食品規格の作成などを行っている。

食品安全委員会
しょくひんあんぜんいいんかい

食品の生産・流通を所管する農水省・厚労省から分離し、食品の安全性を確保するよう関係大臣に勧告・意見具申などを行う新たな機関で、内閣府に設置されている。委員会は委員７人（毒性学などの専門家）のほか企画など専門調査会に加え添加物、農薬、微生物、プリオンなど危害要因ごとに12の専門調査会（科学者や学者、消費者団体代表など専門委員200人規模）と事務局で構成。

食品安全モニター制度
しょくひんあんぜんモニターせいど

国内居住の20歳以上で、経験者・見識者などいくつかの条件に当てはまるモニターを食品安全委員会が募集し、施策のモニタリングや食品安全に関する情報提供、意見・調査結果の報告などを受ける。消費者が日常生活の中で食品の安全に関する事項をモニタリングすることで、食品安全行政の適正な推進を図ることが目的。

食品健康影響評価（リスク評価）
しょくひんけんこうえいきょうひょうか（リスクひょうか）

食品中に含まれる食品添加物や動物用医薬品、残留農薬や微生物など、生物学的・科学的・物理的な危険因子（ハザード）を摂取することによってどのくらいの確率でどの程度人の健康への影響が起き得るかを科学的に評価すること。

コンプライアンス

コンプライアンス

comply（順守する）の名詞形。一般的に「社会規範を全うすること」を示し、企業倫理や経営倫理という意味を表す。狭義で「法令順守」とも訳される。

有機認証登録機関

ゆうきにんしょうとうろくきかん

生産者などからの申請を受け、その生産・管理の方法などについて調査を行い、生産者を圃場ごとに有機認定する農林水産大臣の登録を受けた機関。認定後も定期的に確認（監視）を行う。

有機ＪＡＳ制度

ゆうきじゃすせいど

コーデックスガイドラインに準拠して規定した農畜産業由来の環境負荷を低減した持続可能な生産方式の基準（有機ＪＡＳ規格）に適合した生産が行われているかを確認する仕組み。第三者機関が検査し、認証された事業者に「有機ＪＡＳマーク」の使用を認める。

マークが付されていなければ「有機」や「オーガニック」などの表示はできない。農産物では堆肥などでの土地づくりや化学合成肥料・農薬の不使用、畜産物では有機農産物の給与や動物医薬品の過剰な使用の制限、動物福祉への配慮などを規定している。

有機農産物

ゆうきのうさんぶつ

農林水産省の「有機農産物及び特別栽培農産物に係る表示ガイドライン」では原則として化学合成農薬、化学肥料や化学合成資材を使わないで３年以上を経過し、堆肥などによる土づくりを行った圃場で収穫された農産物を「有機農産物」としている。

特別栽培農産物

とくべつさいばいのうさんぶつ

その農産物が生産された地域の慣行レベル（各地域の慣行的に行われている節減対象農薬および化学肥料の使用状況）に比べて、節減対象農薬の使用回数が50％以

下、化学肥料の窒素成分量が50%
以下で栽培された農産物のこと。

GI（Geographical Indications）
じーあい

　地理的表示。特定農林水産物等
の名称の保護に関する法律（地理
的表示法）に基づき、各地域で長
年培われた伝統的な生産方法や気
候・風土・土壌などの生産地の特
性が品質などの特性に結びついて
いる産品の名称(地理的表示)を
知的財産として登録し、保護する
制度。基準を満たし、登録された
産品はGIマークを使用できる。

ISO9001、ISO14001
あいえすおーきゅうせんいち、あいえすおーいちまんよん
せんいち

　国際標準化機構（ISO）が定め
た品質保証規格のISO9001は国際
的な単位・用語の標準化を推進す
る。工場や事業所の品質管理シス
テムを第三者が検査し、適切に機
能していることを制度的に保証す
る。

　14001は原料調達、生産、販売、

リサイクルなどあらゆる活動過程
の環境影響を評価・点検し、改善
するための規格。

ISO22000
あいえすおーにまんにせん

　フードチェーン（食品の生産
から消費者に届くまでの全ての
段階）全体での食の安全を守る
ための仕組みとしてISO9001と
HACCPの概念を融合して開発さ
れた規格。

食品安全マネジメントシステム（FSMS）
しょくひんあんぜんまねじめんとしすてむ(えふえむえす)

　Food Safety Management
Systemの略称。安心・安全な食
品を消費者に届けるため、食品安
全を脅かす危害要因を適切に管理
する仕組みによる保証を目指した
もの。FSMS認証にはISO22000や
FSSC22000などがある。

GAP
(Good Agricultural Practice)
ぎゃっぷ

　農業生産工程管理。生産活動の持続性を確保するため食品安全、環境保全、労働安全に関する法令などを遵守するための点検項目を定め、その実施、記録、点検、評価を繰り返しつつ生産工程の管理や改善を行う取り組み。ドイツに本部を置く非営利組織FoodPLUS GmbHが行うGLOBALG.A.P.（グローバルギャップ）、（一財）日本GAP協会によるJGAP／ASIAGAPのほか、都道府県やJAが独自に基準を設けて取り組んでいる。農水省は各取り組みの水準にばらつきがみられることから、同省のガイドラインに即した一定水準以上のGAPの普及を推進している。2020年東京オリンピック・パラリンピックの大会では選手村に野菜などを提供する場合、GAPなど第三者の認証を取得することとされている。

世界食品安全イニシアチブ
(GFSI)
せかいしょくひんあんぜんいにしあちぶ（じーえふえすあい）

　Global Food Safety Initiativeの略。小売業、製造業、食品サービス業、認定・認証機関、食品の安全に関する国際機関が参加する世界最大の業界団体の一つ。食品安全にかかわる認証制度（スキーム）についてその信頼性を判断・承認する仕組みの提供などの活動を行う。GFSIの承認を受けた認証制度は「GFSI承認スキーム」と呼ばれ、信頼に足る食品安全の認証制度として世界中で利用される。

家畜衛生・農薬・肥料

OIE（国際獣疫事務局）
オーアイイー（こくさいじゅうえきじむきょく）

　1924年に28か国で発足した動物伝染病の国際中央情報機関で国連食糧農業機関（FAO）の諮問機関の一つ。動物検疫の国際基準を策定する国際機関として位置づけられており、その役割は国際貿易と密接にリンクするようになっている。日本は1930年に加盟している。

エライザ検査（ELISA）
エライザけんさ

　屠畜場などの牛海綿状脳症（BSE）検査や豚コレラの抗体検査で用いられている方法。病原体に対する抗体や病原体そのものを検出する方法で、試験管に検体を入れ、試薬を反応させ、発色の度合いによって陽性・陰性の判定を行う。短時間で処理できるが感度が高く、感染していなくても牛を感染していると判断する恐れがある。

ウエスタンブロット法
ウエスタンブロットほう

　日本でBSEの確定診断（二次検査）に使用する検査方法のこと。すりつぶした牛の脳組織に電気を流すことでたんぱく質を分離し、BSEの原因となる異常プリオンの有無を調べる。一次検査（エライザ法）より精度が高い。

疑似患畜
ぎじかんちく

　家畜伝染病予防法で指定されている狂犬病など27種類の家畜伝染病にかかっている家畜を「患畜」といい、「疑似患畜」とは患畜である疑いがある家畜、または指定された家畜伝染病の病原体に触れ

たか、触れた疑いがあるため患畜
となる恐れがある家畜のこと。

肉骨粉
にくこっぷん

　牛や豚、鶏などから食肉を取り
除いた後の骨や内臓を原料に加熱
して油脂を除き、乾燥させ、さら
に細砕したもの。トウモロコシな
どと混ぜて配合飼料とし、家畜に
与える。BSEの感染源とされ、日
本では牛の肉骨粉の牛・豚・鶏用
飼料への使用を禁止。豚や鶏の肉
骨粉は牛用飼料への使用を禁じて
いる。欧州連合（EU）は牛や豚、
鶏などに与えることを全面禁止し
ている。

牛海綿状脳症（BSE）
うしかいめんじょうのうしょう（ビィエスイー）

　1986年に英国で確認された牛の
病気。体内たんぱく質プリオンが
異常型に変わり、脳の神経細胞が
死滅し、スポンジ状になる。2〜
8年の潜伏期間の後、麻痺、音や
光に対する神経過敏、起立不能に
なり死に至る。

特定危険部位（SRM）
とくていきけんぶい（えすあーるえむ）

　牛海綿状脳症（BSE）の潜伏期
間のいずれかの時点で、感染性を
有するために人や動物にとって最
も高い暴露リスクを示すと考えら
れる組織。国際獣疫事務局（OIE）
では脳、目、脊髄、回腸遠位部
の4部位を指定していたが、回腸
遠位部が腸全体（大腸、小腸）に
広がることになった。

プリオン病
プリオンびょう

　クロイツフェルト・ヤコブ病
（CJD）など脳細胞が欠落して脳
が海綿（スポンジ）状になる病気。
BSEとの関連が疑われている変異
型クロイツフェルト・ヤコブ病
（vCJD）は若年で発症する、脳波
の周期性同期性放電（PSD）が見
られないなど、CJDとは異なる特
徴があり、人為的感染経路を断つ
ことで消滅すると見られている。

プリオン

プリオン

　もともと動物の体に存在する特殊なたんぱく質の一種。正常なものと異常なものがある。BSEの病原体となるのは正常プリオンとは立体構造が違う異常プリオン。これが体内に入ると細菌のように増殖するのではなく、異常なものに触れた正常プリオンが異常なプリオンに次々と変化していく。異常プリオンが蓄積すると神経細胞が破壊され、BSEが発症する。

豚流行性下痢（PED）

ぶたりゅうこうせいげり（ピィーイーディー）

　豚流行性下痢ウイルスを病原体とする豚やイノシシの感染症。水様性の下痢が主な症状で、10日齢以下の哺乳豚では脱水症状により高確率で死亡する。家畜伝染病予防法に基づき獣医師が届け出る届出伝染病に指定されている。日本では2013年10月に7年ぶりに発生を確認した。糞便などを介して経口感染するが、人に感染することはない。

火傷病

かしょうびょう

　リンゴ、ナシなどの果樹やサンザシ、ナナカマドなどの花木類を犯す重要病害。火にあぶられたような症状を示し、病原細菌は花や傷付いた部分から侵入して花腐れ、枝枯れを起こし、主枝、幹へと広がり、胴枯れ、枯死を起こす。もともとアメリカ合衆国東部にあった風土病といわれており、その後海外に広がった。

ビッグペイン病

ビックペインびょう

　葉脈に沿った部分の色が薄くなるウイルス病。枯死しないが、葉が巻かない（結球しない）ため、商品価値が下がる。ウイルスを媒介するオルピディウム菌は土壌中に10年以上生存し、一度発病したら撲滅が難しい。

口蹄疫

こうていえき

　口蹄疫ウイルスの感染で起きる急性の熱性伝染病で、牛や豚など

の偶蹄類に感染する。症状は40〜41度の発熱や多量のよだれがみられ、口、蹄などに水疱が形成され、食欲をなくし、足をひきずるようになる。感染動物やその肉など生産物、ウイルスが付着した飼料、人、車両などとの接触で伝播する。家畜伝染病予防法に基づく法定伝染病で、侵入防止のための厳重な検疫が実施されている。人には感染しない。

鳥インフルエンザ
とりインフルエンザ

　鳥インフルエンザウイルスは人のインフルエンザウイルスとは異なったウイルス。鳥類のインフルエンザは「鳥インフルエンザ」と呼ばれ、このうちウイルスの感染を受けた鳥類が死亡し、全身症状などで特に強い病原性を示すものを「高病原性鳥インフルエンザ」という。世界各地で発生しており、日本では2016年11月から2017年3月にかけ、青森県、新潟県、北海道、宮崎県、熊本県、岐阜県、佐賀県、宮城県、千葉県の9道県12

戸の農場で発生した。人が鳥インフルエンザウイルスの感染を受けるのは病鳥と近距離で接触した場合、またはそれらの内臓や排泄物に接触するなどした場合が多く、鶏肉や鶏卵からの感染の報告はこれまでのところない。

高病原性鳥インフルエンザ
こうびょうげんせいとりインフルエンザ

　鳥インフルエンザのうち死亡率が高いか、変化して死亡率が高くなる可能性のあるもの。神経症状、呼吸器症状、消化器症状がある。鳥から鳥へ直接または水、排泄物などを介して感染する。

移動制限
いどうせいげん

　家畜伝染病にかかった患畜を確認した場合に伝染病のまん延防止を図るため、発生農場を中心とした一定区域内の家畜やその死体、排せつ物など病原体を広げるおそれのある物品の移動を制限すること。

　原則として、高病原性鳥インフ

ルエンザや豚コレラでは半径3km以内、口蹄疫では半径10km以内とする。

搬出制限
はんしゅつせいげん

家畜伝染病のまん延防止のため、伝染病発生農場を中心とした一定区域内の家畜やその死体、排せつ物など病原体を広げるおそれのある物品の区域外への搬出を制限すること。

原則として、高病原性鳥インフルエンザや豚コレラでは半径10km以内、口蹄疫では半径20km以内とする。

豚コレラ
とんこれら

豚コレラウイルスによって引き起こされる豚やイノシシの伝染病であり、発熱、食欲不振、元気消失などの症状を示し、強い伝播力と高い致死率が特徴。アジアを含め世界では本病の発生が依然として認められる。日本国内では2018年9月に26年ぶりに発生した。な

お、人に感染することはない。

アフリカ豚コレラ
あふりかとんこれら

アフリカ豚コレラウイルスによって引き起こされる豚やイノシシの伝染病であり、発熱や全身の出血性病変を特徴とする致死率の高い伝染病。有効なワクチンはない。アフリカでは常在的に、ロシアおよびその周辺諸国でも発生が確認されている。2018年8月には中国でアジア初となる発生が確認された。日本では発生が確認されておらず、清浄国である。なお、人に感染することはない。

農薬使用基準
のうやくしようきじゅん

農薬の安全かつ適正な使用を確保するために必要があると認めたときに、農薬の種類ごと、その使用の時期、方法などについて農薬を使用する者が守るべき基準を定めたもの（農薬取締法第12条）。農林水産省が栽培試験を行って、収穫時期の何日前までに何回使用

できるかなどを定めたもの。毒性的に1日に摂取しても大丈夫な量の範囲を作物別に決め、この作物ならばここまで残留しても身体に影響がない数値をまず決めて設定する。これに基づき都道府県や農協が使用方法などを細かく指導している。

登録農薬
とうろくのうやく

　農薬取締法に基づき国（農林水産大臣）に登録された農薬のこと。登録されていない農薬は製造・輸入・販売・使用ができない。登録するには病害虫への効果、作物への害、人への毒性、作物への残留性などの試験成績を整えて、（独）農林水産消費安全技術センター（FAMIC）を経由して農林水産大臣に申請する必要がある。従来は3年ごとに再登録が必要だったが、2018年の同法の改正による再評価制度の導入に伴い、再登録制度は2021年度に廃止となった。

再評価制度
さいひょうかせいど

　最新の科学的知見に基づき、農薬の安全性を定期的に再評価する仕組み。2018年の農薬取締法の改正で導入され、2021年度から開始。これに伴い、農薬製剤ごとに3年おきに実施していた再登録制度は廃止となった。

　再評価は同じ有効成分を含む登録農薬のグループごとに、概ね15年に1度のペースで行う。また、農薬製造者からは毎年安全情報の報告を求め、必要に応じて臨時評価を実施し、登録内容の見直しを行う。

無登録農薬
むとうろくのうやく

　農薬取締法に基づく登録がされていない農薬。

農薬登録保留基準
のうやくとうろくほりゅうきじゅん

　新しい農薬を登録しようとするとき、食用作物に使う農薬の場合はその農薬が収穫物に残留した場

合の安全性を確認しなければならない。登録の際には農薬取締法第3条第2項によって環境大臣が農作物などの利用が原因となって人畜に被害を生ずる恐れがあるかどうかの基準を定めることになっており、この基準値を超えるような使い方の申請は保留されるので作物残留に係る「登録保留基準」と呼んでいる。なお食品衛生法による残留登録基準が定められていれば、それが農薬登録保留基準となる。作物ごとに定められる。

ジェネリック農薬
じぇねりっくのうやく

　既存登録農薬の有効成分の特許の有効期間が過ぎた後に別のメーカーがその成分を用いて製造した農薬。後発農薬とも呼ばれる。日本の従来制度ではジェネリック農薬の登録時にも新規農薬と同じ安全性試験が必要で、多額の費用がかかるために開発が阻まれていたが、2017年度からは有効成分や不純物の組成が同じ場合は毒性試験や残留試験を不要とするなど制度を簡素化。また、2018年の農薬取締法の改正により、先発農薬と農薬原体の成分や安全性が同等の場合、登録申請時に提出する試験データの一部を免除できるよう手続きが見直された。

耐容1日摂取量（TDI）
たいよういちにちせっしゅりょう（ティーディーアイ）

　人がその量を一生涯にわたり毎日摂取したとしても、健康に対する有害な影響が現れないと判断される1日当たり体重1kg当たりの量。

残留農薬基準
ざんりゅうのうやくきじゅん

　わが国で流通する農産物での農薬の残留許容量を示したもの。厚生労働省が食品衛生法第7条第1項に基づく食品規格の1つとして定める。人がその農薬を一生食べ続けても体に害がないと考えられる1日当たりの量。国内産、輸入農産物ともに適用し、基準を超える農産物は販売・流通が禁止される。

植物防疫官

しょくぶつぼうえきかん

　植物防疫法に規定する検疫または防除に従事させるため農林水産省に置かれた者。

植物防疫所

しょくぶつぼうえきじょ

　農作物などに被害をもたらす海外からの病害虫（検疫病害虫）の侵入を未然に防ぐため全国の海港や空港で輸入検疫を行っているほか、重要病害虫の国内でのまん延を防ぐための国内検疫、諸外国の要求に応じた輸出検疫などの業務を行う国の機関。

ポジティブリスト制

ポジティブリストせい

　原則、すべての農薬や食品添加物の使用を禁止し、残留を認めるもののみを表示する制度。2003年の食品衛生法の改正で導入、2006年5月末から施行された。

ポストハーベスト農薬

ポストハーベストのうやく

　農産物の輸入に伴う海外からの病害虫の侵入を防止したり、農産物の品質を保持する目的で収穫後の農産物に使用する農薬。ポストハーベストの使用は一般的に作物の収穫前に農薬を使用した場合に比べ農薬の残留量が多くなりがちで、食料を多く海外から輸入する国での関心は高い。

特定農薬

とくていのうやく

　原材料に照らし農作物など人畜および水産動植物に害を及ぼす恐れがないことが明らかなものとして農林水産大臣および環境大臣が指定する農薬。

生物農薬、微生物農薬

せいぶつのうやく、びせいぶつのうやく

　病害虫などの防除を目的として微生物や天敵昆虫などを製品化したもの。

生物的防除
せいぶつてきぼうじょ

　病原菌や害虫の天敵となる微生物や昆虫類、性フェロモンなどを用いて病害虫の防除を行う方法。天敵昆虫は農薬登録されたもののほか、地域の土着天敵も多く利用されている。

フェロモントラップ
フェロモントラップ

　合成された性フェロモンを誘引源として害虫を捕獲する装置。

IPM（総合的有害生物管理）
アイピーエム（そうごうてきゆうがいせいぶつかんり）

　Integrated Pest Management。総合的病害虫・雑草管理。予め病害虫や雑草が発生しにくい環境を整え、病害虫の発生調査に基づいて耕種的防除（伝染病植物除去や輪作など）、生物的防除（天敵やフェロモンなどの利用）、化学的防除（農薬散布など）、物理的防除（粘着版や太陽熱利用消毒など）など、病害虫の被害を農作物の生産や出荷規格に支障のないレベル（経済的な被害水準）以下に抑制する病害虫管理手法。

病害虫防除所
びょうがいちゅうぼうじょしょ

　植物防疫法に基づき都道府県が地方における植物の検疫および防除のために設置する機関。

農作物病害虫防除基準
のうさくぶつびょうがいちゅうぼうじょきじゅん

　都道府県内で栽培されている農作物について問題となる病害虫ごとに防除方法、効果のある薬剤などを記載したもの。主に農作物や病害虫の適用の有無を確認して使用する農薬を選定したり、選定した農薬の使用方法などを確認したりする。法律で義務づけられたものではなく、都道府県職員や農協営農指導員らが農家の防除を指導する際に利用する。防除指針、防除必携、管理基準という名称を使う県もある。

発生予察
はっせいよさつ

　害虫の発生状況を把握することにより今後の発生を予測し適確な防除を行うというもの。各都道府県が発生状況調査をして公表をしている。農業者自らが自身の耕地ですることもある。発生状況調査は農業者にとって極めて重要である。

緊急防除
きんきゅうぼうじょ

　新たに国内に侵入または既に国内の一部の地域に発生している植物の病害虫が農作物に大きな被害を与えるおそれがある場合、または植物の輸出が阻害されるおそれがある場合に発生した病害虫を一部地域に封じ込め根絶するため、農林水産大臣が植物防疫法に基づいて緊急に実施する防除。

特定普通肥料
とくていふつうひりょう

　施用方法によっては人畜に被害を与えるおそれがある農産物が生産されるものとして肥料取締法の政令で定めた普通肥料のこと。保証票が添付されてない特定普通肥料は原則として施用してはいけない。特定普通肥料の施用時期や施用方法など施用者が守るべき基準は農林水産大臣が定めることになっている。

飼料添加物
しりょうてんかぶつ

　飼料の品質低下の防止などを目的として飼料に添加、混和、湿潤その他の方法によって用いられるもので、効果と安全性の両面からの審査を経て農林水産大臣が指定している。

食 生 活

食の外部化

しょくのがいぶか

　共働き世帯や単身世帯の増加、高齢化の進行、生活スタイルの多様化などを背景に、家庭内で行われていた調理や食事を家庭外に依存する状況がみられる。これに伴い食品産業でも食料消費形態の変化に対応した調理食品、総菜、弁当といった「中食」の提供や市場開拓などに進展がみられている。こうした動向を総称したもの。

中食

なかしょく

　レストランなどへ出かけて食事をする「外食」と、家庭内で手づくり料理を食べる「内食」との中間にあって市販の弁当や総菜、家庭外で調理・加工された食品を家庭や職場・学校などでそのまま(調理加熱することなく)食べること。

206

Ⅶ　貿易・国際

1　国際機関・協定

APEC（アジア太平洋経済協力会議）

エイペック（アジアたいへいようけいざいきょうりょくかいぎ）

　1989年、豪州の首相が提唱したアジア太平洋地域初の域内各国間の経済協力のための政府間公式協議体。現在の加盟国は21の国・地域。持続可能な成長と繁栄に向けて貿易・投資の自由化と円滑化を通じた地域経済統合の推進、質の高い成長の実現などの活動を実施している。

ABAC（APECビジネス諮問委員会）

エイバック（エイペックビジネスしもんいいんかい）

　1995年に大阪で開催されたAPEC閣僚会議および非公式首脳会議において設立が決定。ABACはAPEC唯一の公式民間諮問団体として、大阪行動指針（OAA：

ボゴール目標〔1994年に合意〕を達成するまでの具体的な道筋を示した行動計画であり、1995年の大阪APEC首脳会議で採択された）の実施状況を監視するとともに、ビジネス部門の優先事項などに関するAPECへの助言が期待されている。ABAC委員はAPECに参加する各国・地域からそれぞれ3人を超えない範囲で首脳により指名されることとなっている。

FAO（国連食糧農業機関）

ファオ（こくれんしょくりょうのうぎょうきかん）

　世界の人々の栄養水準および生活水準を向上させるとともに、農業の生産性を高め、特に農村に住む人々の生活事情を改善するために1945年設立。国連最大の専門機関で、農業、林業、水産業および農村開発のための指導機関。現在、優先して取り組んでいる課題は天

然資源を保全・管理するとともに、持続可能な農業・農村開発と食料増産の長期的戦略を促進、食料安全保障を達成すること。

多角的貿易交渉
たかくてきぼうえきこうしょう

　農業、サービスなど各分野を対象に多くの国が参加する貿易交渉。ガット時代に交渉は8回開催された。世界貿易機関（WTO）の新多角的貿易交渉（ドーハ・ラウンド）は貿易交渉委員会(TNC)の初会合がジュネーブで開催され、ドーハ・ラウンドの交渉期限は2005年1月。ただし農業交渉についてはウルグアイ・ラウンド交渉の合意によってドーハ・ラウンドの交渉に先んじて2000年3月に開始される約束になっていた。

GATT
ガット

　General Agreement on Tariffs and Trade（関税および貿易に関する一般協定）の略。1948年に発足し、貿易面から国際経済を支え

る枠組みとして機能。わが国は1955年に加入した。この協定の基本原則は、貿易制限措置の削減、貿易の無差別待遇（最恵国待遇、内国民待遇）とされている。ガットは正式な国際機関ではなかったが、これを拡大発展させる形で正式な国際機関としてWTOが1995年1月に発足した。94年時点のガットおよびその関連文書はWTO協定が取り込んでいる。

ウルグアイ・ラウンド農業交渉
ウルグアイ・ラウンドのうぎょうこうしょう

　1986年9月に南米ウルグアイのプンタ・デル・エステで開催されたガット閣僚会議での合意に基づき開始され、サービス貿易などの新たな分野を含む包括的な交渉として進められ、8年後の1994年に合意に至った。本交渉における農業交渉の特徴は国内支持（農業補助金等）や輸出競争（輸出補助金等）にまで交渉の対象が拡大されたことにより、各国の国内農業政策にまで影響を与えるような結果となったことがあげられる。本交

渉の結果、市場アクセス（関税や関税割当など）、国内支持、輸出競争の3分野の保護基準を95年から2000年までの6年間で一定水準削減することなどを内容とするWTO農業協定が合意された。

ウルグアイ・ラウンド農業合意
ウルグアイ・ラウンドのうぎょうごうい

　1993年に農業を含む15分野で合意。1995年から2000年までの6年間で市場アクセスでは農産物全体の関税水準を単純平均で36％、品目毎に最低でも15％引き下げることになった。国内支持は20％削減、輸出補助金も金額ベースで36％（数量ベースで21％）削減することが決定された。

WTO（世界貿易機関）
ダブルティオー（せかいぼうえききかん）

　ガット（GATT；関税と貿易に関する一般協定）のウルグアイ・ラウンド合意を受け、1995年1月に移行し、発足した国際機関。本部はスイスのジュネーブ。主な業務は①世界共通の貿易ルール作り

のための貿易交渉②貿易に関する紛争の解決などである。①自由（関税の低減、数量制限の原則禁止）②無差別（最恵国待遇、内国民待遇）③多角的通商体制——が基本原則。加盟国は2019年7月現在、164の国と地域。

WTO一般理事会
ダブルティオーいっぱんりじかい

　WTOの意思決定機関として、すべての加盟国の代表で構成する閣僚会議と一般理事会がある。一般理事会は、少なくとも2年に1回開催される閣僚会議の会合から次の会合までの間に必要に応じて任務を遂行する実務機関。通常はジュネーブ駐在の各国・地域の大使が参加する。この下に紛争解決機関を始め農業に関する委員会や貿易交渉委員会（TNC）など各種組織が存在する。

WTO農業交渉
ダブルティオーのうぎょうこうしょう

　WTO農業協定第20条の規定に基づき2000年3月に開始。01年11

月に立ち上げられたドーハ・ラウンドの一部として交渉が行われている。「農業交渉」と一般に呼ばれているが、「農業委員会特別会合」が正式名称である。WTO農業委員会の「特別会合」という形で設置されている。

WTO農業委員会

ダブルティオーのうぎょういいんかい

WTOにある常設機関で、各国からの通報データの審査などを行っている。

ドーハ・ラウンド

ドーハ・ラウンド

カタールの首都ドーハで開かれた2001年11月の閣僚宣言によってスタートしたWTO・ドーハ・ラウンド（多角的貿易交渉）。ドーハ開発アジェンダ（DDA）ともいう。農業は①市場アクセス②国内補助金③輸出補助金の３項目を交渉。ドーハ・ラウンドは途上国の扱いが焦点となっており、現在は議論が膠着状態にある。

貿易交渉委員会（TNC）

ぼうえきこうしょういいんかい（ティエヌシィ）

ドーハ・ラウンド立ち上げに伴って、農業委員会特別会合などを始めとする各交渉分野・グループを監督する委員会として設置された。議長はWTO事務局長が務める。

OECD（経済協力開発機構）

オーイーシーディ（けいざいきょうりょくかいはつきこう）

経済・社会分野において多岐にわたる活動（分野横断的な活動を含む）を行っている先進35カ国からなる国際機関。1948年、米国による戦後の欧州復興支援策であるマーシャルプランの受け入れ体制を整備するため、欧州経済協力機構（OEEC）がパリに設立され、その後欧州経済の復興に伴い欧州と北米が対等なパートナーとして自由主義経済の発展のために協力を行う機構としてOEECは発展的に改組され、1961年にOECD（Organisation for Economic Co-operation and Development）が設立。特に経済政策・分析、規制

制度・構造改革、貿易・投資、環境・持続可能な開発、ガバナンス（統治）、非加盟国協力などの分野において、活発な活動を行っている。

日中農産物貿易協議会
にっちゅうのうさんぶつぼうえききょうぎかい

ネギ、生シイタケ、畳表の秩序ある貿易を推進するため、日中の生産者、輸入業者などで構成する団体。3品目におけるセーフガードの本発動回避のため、2001年12月に日中間で合意したもの。

FTA（自由貿易協定）
エフティエー（じゆうぼうえききょうてい）

Free Trade Agreementの頭文字。WTO体制がどの国に対しても同様の条件で関税などの通商規則を定めることが原則である（最恵国待遇）のに対して、自由貿易協定は協定構成国のみを対象として排他的に関税の撤廃等（特恵関税）を実施する仕組み。欧州連合（EU）や北米自由貿易協定（NAFTA）のような地域的な統合の場合と2国間の協定の場合がある。協定した地域間あるいは国との間で関税の撤廃など通商上の障壁を除去して自由な取引活動の実現を目指すもの。

EPA（経済連携協定）
イーピーエー（けいざいれんけいきょうてい）

Economic Partnership Agreementの略。2以上の国が関税の撤廃や制度の調整などによる相互の貿易促進を目的として他の国を排除する形で締結されるもので、FTAに加えて物やサービスの貿易自由化だけでなく、投資や人の移動など幅広く経済的な関係を強化する協定。

日・ASEAN包括的経済連携協定
にち・アセアンほうかつてきけいざいれんけいきょうてい

日本とASEAN諸国との包括的経済連携。2005年4月から交渉開始、2008年12月1日より順次発効。

FTAA構想
エフティエイエイこうそう

米国が提案した米州自由貿易

圏。キューバを除く南北米大陸諸国が関税や経済規制を縮小・撤廃するなどして、世界最大の共同市場を設ける構想。

NAFTA（北米自由貿易協定）

ナフタ（ほくべいじゆうぼうえききょうてい）

North American Free Trade Agreement。貿易の自由化による経済発展を目的として、米国とカナダとの間で1989年に米国・カナダ自由貿易協定が結ばれ、その後94年にメキシコが加わったことにより現在の体制となった。その後、米国の企業や製品が大量にメキシコへ流入した。そのことによりメキシコ経済を圧迫農民の4割が離農。2018年9月、米国、メキシコ、カナダがNAFTAを米国・メキシコ・カナダ協定（USMCA）に置き換えることに合意したが、各国の立法府の批准はまだ。

日星新時代経済連携協定

にっせいしんじだいけいざいれんけいきょうてい

日本が2002年に初めて結んだ自由貿易協定。相手国はシンガポール。農林水産物については実質上無税となっている約500品目だけを対象とし、国内農業に影響が出ないようにした。工業製品では化学品、石油製品、繊維などの関税を新たに撤廃した。関税撤廃品目については2国間によるセーフガードを導入し、輸入の急増を防ぐ措置も講じられている。

マラケシュ協定

マラケシュきょうてい

1994年、ガット・ウルグアイ・ラウンド（多角的貿易交渉）に参加する世界124カ国の閣僚によって宣言されたガット（GATT・関税および貿易に関する一般協定）の発展的解消と世界貿易機関（WTO）設立に関する協定。モロッコの古都の地名にちなんで名付けられた。

TBT協定

ティビィティきょうてい

工業製品などの各国の規格および規格への適合性評価手続き（規格・基準認証制度）が不必要な貿

易障害とならないよう国際規格を基礎とした国内規格策定の原則、規格作成の透明性の確保を規定。これらにより規制や規格が各国で異なることにより、産品の国際貿易が必要以上に妨げられること（貿易の技術的障害）をできるだけなくそうとしている。

TRIM協定
トリムきょうてい

ウルグアイ・ラウンド交渉の結果、WTO協定に設けられた投資にもかかわるルール。正式には「貿易に関連する投資措置に関する協定」（Trade Related investment Measures Agreement）。

TRIPS協定
トリプスきょうてい

WTO協定の一つで、「知的所有権の貿易関連の側面に関する協定」。ある商品の品質や評価がその地理的原産地に由来する場合に、その商品の原産地を特定する表示である「地理的表示（GI）」についても定めている。

S&D（特別かつ異なる待遇）
エスアンドディ（とくべつかつことなるたいぐう）

WTOでは開発途上国に対し関税や国内支持の削減率の緩和や実施期間の延長などを認めている。しかし「開発途上国」の定義はWTOに存在せず各国の申請による。

特恵関税制度
とくけいかんぜいせいど

開発途上国を支援する観点から、開発途上国の産品に対して一般より低い特恵税率を適用する制度。後発開発途上国の産品に対しては特恵税率を一律に無税とするなど一層の優遇をしている。

特恵マージン
とくけいマージン

先進国が開発途上国から輸入するときに関税率を通常よりも低く特恵関税を設定することにより途上国が受益する利ざや。つまり特恵マージンは一般税から特恵関税を差し引いたもの。

原産地規則
げんさんちきそく

　国際的に取引される物品の原産国を決定するための規則。EPA/FTAによる特恵税率（先進国が途上国の特定産品に使う税率で特別に低い税率）を適用する場合に用いる特恵原産地規則と、WTO協定税率など非特恵分野で税率適用に使う非特恵原産地規則とがある。

最恵国待遇
さいけいこくたいぐう

　加盟国が他の国に与える利益、特典、特権または免除は他のすべての加盟国に対しても与えられるもので、特定の国だけに特別の利益を与えることができない。WTO原則の一つで、EPA/FTAは一定の条件の下で同原則の例外扱いにされている。

平和条項
へいわじょうこう

　WTO農業協定第13条をこう呼ぶ。加盟国の国内農業助成と輸出補助金について、1992年度中に決定された助成の水準を超えないことを条件に、農業協定と削減約束を順守していれば他の加盟国は当該助成に対して相殺関税等の対抗措置がとれない、またはWTO上の訴えから免責される。実施期間は2003年末までですでに適用切れとなっている。

モダリティー
モダリティー

　貿易交渉で各国に共通に適用される取り決め。なお個別品目ごとの具体的な約束についてはモダリティー決定後、それをもとに各国が譲許表の改定案を提出することになる。

コンセンサス
コンセンサス

　WTO協定の見直しなど意見決定の方式で、ガット当時から原則、コンセンサス（全会一致）が必要とされている。全会一致が困難な場合は3分の2以上の多数決で決定できるが、実際には採用されて

いない。

シングル・アンダーテイキング

シングル・アンダーテイキング

　すべての交渉分野を一括して受
諾する方式のことで、一分野でも
合意できなければ全体として合意
できない。ドーハ・ラウンド交渉
では交渉期限の2005年1月1日ま
でに農業をはじめサービス、投資、
競争などすべての交渉分野を一括
して合意することになっていた。

非貿易的関心事項

ひぼうえきてきかんしんじこう

　貿易問題を議論するにあたり
貿易的側面のみでなく食料安全保
障、環境保護、農村地域開発など
「非貿易的」側面を考慮すること
が重要とする事項。農業の多面的
機能より広い概念として整理され
ている。2000年のドーハWTO閣
僚宣言でも「非貿易的関心事項に
留意し、農業協定で規定されてい
るとおり交渉において考慮される
ことを確認する」と記述された。

多国間環境協定

たこくかんかんきょうきょうてい

　ウルグアイ・ラウンド交渉では
環境問題は直接の対象ではなかっ
たが、環境に関する関心の高ま
りを受けて「環境と貿易に関する
委員会（CTE）」がWTOの下に
1995年に設置され、その議論の中
心となっているのがモントリオー
ル議定書などの多国間環境協定
（MEA）に基づく貿易制限措置と
WTO協定の関係、環境措置が貿
易に及ぼす影響および貿易自由化
の環境に及ぼす影響など。

農業の多面的機能

のうぎょうのためんてききのう

　農業が農産物の生産以外に果た
している役割や機能のことで、国
土の保全、水源かん養、自然環境
の保全などがあげられる。日本が
交渉で主張しているポイントの一
つがこの多面的機能への配慮。

パネル

パネル

　WTO加盟国間で貿易上の紛争

が生じ、当事国間で解決できない場合にWTO紛争解決機関のもとに設置される小委員会のこと。このパネルの報告書に異議がある場合は60日以内に上級委員会に申し立てを行うことができる。

紛争処理小委員会
ふんそうしょりしょういいんかい

　→パネル

ASEAN
アセアン

　「東南アジア諸国連合」の略称。1967年5カ国で結成、1999年にカンボジアが加盟して10カ国になった。加盟諸国の経済発展などを協議するため、周辺先進国の動向に連合体として対応している。機構は定例外相会議、経済などの閣僚会議、各種常設委員会など。2017年に設立50周年を迎えた。

ASEAN＋3
アセアンプラススリー

　ASEAN（東南アジア諸国連合）に日本、中国、韓国の3カ国が加

わる。首脳会議のほかに、外相会議、財務相会議、農相会議などが開催されている。

EU（欧州連合）
イーユー（おうしゅうれんごう）

　1993年11月1日の欧州連合条約（マーストリヒト条約）発効により成立。欧州の「統合」（経済・通貨統合、共通外交安全保障政策、司法・内務協力）を目標に、加盟各国の国家主権をある程度制限している。2013年7月のクロアチアの加盟により28カ国にまで増えている。そうした中、英は2016年6月の国民投票でEUからの離脱（グレグジット）を選択している。

主要少数国グループ
しゅようしょうすうこくグループ

　日本、米国、欧州連合（EU）、ブラジル、インド、オーストラリアがメンバー。G6と呼ばれる。2005年秋にできた。WTOの加盟国・地域は164。決定は全会一致が原則。国・地域が多いので意見集約は難しい。そこで各グループ

の代表も兼ねた国々が主要少数国のグループを結成し、交渉を実質的に主導している。

G6
ジーシックス

→主要少数国グループ

G7（先進国首脳会議）
ジーセブン（せんしんこくしゅのうかいぎ）

フランス、アメリカ、イギリス、ドイツ、日本、イタリア、カナダの七つの先進国のこと。またそれらの会議。

G8（主要国首脳会議）
ジーエイト（しゅようこくしゅのうかいぎ）

フランス、アメリカ、イギリス、ドイツ、日本、イタリア、カナダ、ロシアの８カ国。これらが参加した国際的な経済、政治的課題について討議する会議のこと。

G10
ジーテン

WTO農業交渉で閣僚宣言案の関税引き下げ方式のなかで関税の

上限設定、関税割当の拡大などに反対し、修正提案を出したグループ。当初、日本、ブルガリア、台湾、アイスランド、イスラエル、韓国、リヒテンシュタイン、ノルウェー、スイス、モーリシャスの10カ国だったが、EUに加盟したブルガリアが抜け９カ国。

G20
ジートゥエンティ

主要国首脳会議（G7）に参加する７カ国、EU、ロシア、および新興国11カ国の計20カ国・地域からなるグループ。主要20カ国・地域ともいう。アメリカ合衆国、イギリス、フランス、ドイツ、日本、イタリア、カナダ、EU、ロシア、中国、インド、ブラジル、メキシコ、南アフリカ、韓国、インドネシア、サウジアラビア、トルコ、アルゼンチンである。

G33
ジーサーティスリー

グループ33。インドネシア、トルコ等の途上国で輸入国。途上国

の特別扱い関心が高いグループ。

WFO（世界農業者機構）
ダブルエフオー（せかいのうぎょうしゃきこう）

　IFAP（国際農業生産者連盟、1964年設立）に代わる国際機関として2011年に設立。2012年現在、50カ国、60の農業団体が加盟する民間国際機関。本部はイタリア・ローマ。各国農業団体の相互交流や協調を通じ世界の生産者の生活向上と農村社会の活性化、食料の安全保障の貢献などを目指している。日本からは全国農業会議所、JA全中が加盟している。

IFOAM（国際有機農業運動連盟）
アイフォーム（こくさいゆうきのうぎょううんどうれんめい）

　1972年にパリ近郊で設立され、以来世界中で有機農業の普及に努めてきた草の根の組織。現在111カ国以上の約770団体が加盟し、CODEX（コーデックス、国際的な食品規格）をはじめとする国際会議への参加など、有機農業・環境問題全般に国際的な影響を及ぼ

しつつある。IFOAMジャパンはIFOAMの日本会員である有機農業推進のために活動している生産および流通団体、登録認定機関などが中心となって2001年、設立。

LDC（後発開発途上国）
エルディシー（こうはつかいはつとじょうこく）

　開発途上国のうち①１人当たりの国内総生産（GDP）平均が900ドル未満②人口が7,500万人未満などの基準に基づき国連総会で認定された国。

NGO（非政府組織）
エヌジィオー（ひせいふそしき）

　Non-Governmental Organizationの略称で、「非政府組織」と訳される。一般的には開発問題、人権問題、環境問題、平和問題など地球的規模の問題の解決に「非政府」かつ「非営利」の立場から取り組む市民主体の組織。

ケアンズ諸国（グループ）
ケアンズしょこく（グループ）

　輸出補助金の撤廃を目指して

1986年にオーストラリアのケアンズで結成された輸出補助金を用いていない農産物輸出国グループ。

TPP（環太平洋連携協定）
ティーピーピー（かんたいへいようれんけいきょうてい）

Trans-Pacific Partnership、Trans-Pacific Strategic Economic Partnership Agreement.

環太平洋経済協定、環太平洋戦略的経済連携協定などとも呼ばれる。2010年3月にP4協定参加の4カ国（シンガポール、ニュージーランド、チリおよびブルネイ）に加え米国、豪州、ペルー、ベトナムの計8カ国で交渉が開始され、日本やマレーシアなどを加え計12カ国でアジア太平洋地域における農産物などの関税撤廃や政府調達、投資ルール、金融など包括的な協定として交渉が行われた。しかしその後、トランプ大統領政権下のアメリカが交渉を脱退し、2018年3月にチリのサンティアゴで11カ国による協定合意の署名がなされた。現在はTPP11（環太平洋パートナーシップに関する包括的及び先進的な協定）と呼ばれる。

P4協定
ぴーふぉーきょうてい

TPP創設時の加盟国でシンガポール、ニュージーランド、チリおよびブルネイによる協定。物品貿易の関税はほぼ全品目を対象に即時または段階的に撤廃することを規定している。また政府調達やサービス貿易における内国民待遇が明記されている。

毒素条項
どくそじょうこう

条約・協定などで自国に不都合な影響を及ぼす条項のこと。ISD条項などが毒素条項と称される場合がある。NAFTAに加盟するカナダが経験したアメリカ企業からうけた提訴の根拠といわれる。

日本・EU経済連携協定（日欧EPA）
にほん・イーユーけいざいれんけいきょうてい（にちおうイーピーエー）

2013年4月の交渉開始から約4

年をかけ18年12月の日EU双方の批准を経て19年2月に発効した貿易や投資など経済活動の自由化による連携強化を目的とする経済連携協定（EPA）。世界の国内総生産（GDP）の約3割、貿易額の約4割を占める。農産品や工業品にかかる関税を日本が約94％、EUが約99％撤廃する。日本の輸入関税はワインが即時撤廃。チーズは種類によって低関税の枠が設けられ、枠内は16年目に無税となる。EUの輸入関税は10％かけられている自動車が発効から8年目に撤廃されるほか、電化製品なども撤廃される。

日米TAG

にちべいティーエージー

2018年9月、安倍首相とトランプ大統領の間で交渉開始が合意された農産品や工業製品など幅広い品目の関税引き下げなどを協議する2国間の物品貿易協定。TAGはTrade Agreement On Goodsの略。交渉入りの背景には米国の巨額の対日貿易赤字があり、米は削減を求め農産品の関税を引き下げるための2国間交渉を迫っていた。2019年8月、日米首脳は交渉が事実上の大筋合意に達したことを表明。米国側は「70億ドルを超える市場開放につながる」との見通しを示した。

東アジア地域包括的経済連携（RCEP）

ひがしアジアちいきほうかつてきけいざいれんけい

（アールセップ）Regional Comprehensive Economic Partnership

東南アジア諸国連合加盟10カ国に、日本、中国、韓国、インド、オーストラリア、ニュージーランドの6カ国を含めた計16カ国でFTAを進める構想。

日米経済対話

にちべいけいざいたいわ

安倍晋三内閣総理大臣とアメリカのトランプ大統領が2017年の首脳会談で創設に合意した経済協議の枠組み。　同年4月に東京で初会合を開き「貿易・投資ルール」「経済・構造政策」「分野別協力」の

３分野で協議を進めると確認した。

ISD条項（投資家対国家の紛争解決）

アイエスディーじょうこう（とうしかたいこっかのふんそうかいけつ）

　投資家対国家の紛争解決とは、投資受入国の協定違反によって投資家が受けた損害を、金銭等により賠償する手続を定めた条項。英語では Investor-State Dispute Settlement, ISDS 。国際的な投資関連協定でこれを規定する条項は「ISDS 条項」または「ISD 条項」

自由で公正かつ相互的な貿易取引のための協議（Talks for Free, Fair and Reciprocal Trade Deals：FFR）

じゆうでこうせいかつそうごてきなぼうえきとりひきのためのきょうぎ（エフエフアール）

　2018年に開かれた日米首脳会談で始まった協議。日米両首脳は、双方の利益となるように日米間の貿易・投資をさらに拡大させ、公正なルールに基づく自由で開かれたインド太平洋地域における経済発展を実現するために協議し、日米経済対話で報告する。

2 関税・農業交渉関連

IQ制度

あいきゅーせいど

輸入割当制度。貿易の分野ではＩＱはImport Quotaの略称。品目ごとに輸入数量の上限を定め、輸入を行おうとする者に対して、この範囲内で輸入割当を行う。

アンチダンピング

アンチダンピング

市場間の価格差別と定義されるダンピングに対し、追加課税などの対抗的な措置をとること。

ウルグアイ・ラウンド方式

ウルグアイ・ラウンドほうしき

関税引き下げの一つで、①平均引き下げ率の設定②品目別の最低引き下げ率の設定③毎年等量の削減による方式。全体として平均引き下げ率を満足していれば各品目は最低引き下げ率分だけ引き下げ

れば良い。このため非貿易的関心事項に配慮して、品目ごとの柔軟性を確保できる。わが国は欧州連合（EU）などフレンズ国と連携してこの方式を主張している。

ブレンド方式

ブレンドほうしき

関税の削減について最重要品目は平均と最低の削減率を決めるＵＲ（ウルグアイ・ラウンド）方式、それほど重要でない品目は一律削減のスイスフォーミュラ方式、重要度が低い品目は関税撤廃――の三つの方式を組み合わせたもの。

リニア（定率削減）方式

リニア（ていりつさくげん）ほうしき

関税削減方式の一方式。ある国の品目を関税率の高いものから低いものまで並べ（日本の場合1,326品目）、決められた階層に分ける。

その上で階層ごとに定率で関税を削減するもの。輸出国が主張するスイス方式（高関税ほど大きく削減）と日本など輸入国が主張するUR方式（品目ごとの柔軟性を確保）との中間的方式。

スライド方式
スライドほうしき

重要品目の具体化ルール化で、関税引き下げと低関税輸入枠のどちらかを大きくすればもう一方を小さくできる仕組み。日本など輸入国が提唱。

関税撤廃品目
かんぜいてっぱいひんもく

自由貿易協定（FTA）の締結国で輸出入関税が撤廃される品目（作物など）のこと。協定では「実質上すべて」の貿易について関税や制限的通商規則を原則として10年以内に廃止することになっている。

関税割当制度
かんぜいわりあてせいど

特定の物品の輸入に一定の数量までは低い税率（一次税率）、それを超える数量については高い税率（二次税率）を適用する制度で、毎年度政令で割当数量が決められる。これにより低い税率を希望する需要者と関税で保護されるべき国内生産者の利害調節が図られている。

TRQ
てぃあーるきゅー

→関税割当制度

一次税率
いちじぜいりつ

低関税輸入枠で認められた農産品の税率。国際価格＋一次税率＝低関税輸入価格。これに対し二次税率は通常の輸入農産品の税率。

上限関税
じょうげんかんぜい

米国などが要求している関税削減方式に含まれているもので、米

や乳製品など、数百パーセントといった高い関税を一定水準まで削減させるため関税について上限を設定すること。

季節関税
きせつかんぜい

同一品目の関税を季節によって変える方法で、自国産が市場に出回る時期に外国産の関税を高くし、逆に自国産の出回らない時期は関税を高くする。果樹で採用する場合が多い。

差額関税制度
さがくかんぜいせいど

国内の生産コストなどから基準価格を設け、日本への輸入時点でこれより安い品にはその差額を関税としてかける制度。低価格のものほど高率の関税がかかるシステム。

緊急輸入制限措置（セーフガード）
きんきゅうゆにゅうせいげんそち（セーフガード）

輸入が急増することを防止する措置で、WTO協定やガット19条に基づく一般セーフガードと、輸入量がWTO協定で決められた基準値を超えると自動的に発動される特別セーフガード（ウルグアイ・ラウンド合意で関税化された豚肉・牛肉などが該当）がある。一般セーフガードは相手国は対抗措置がとれるが、特別セーフガードには対抗措置はとれない。

ＳＳＧ
えすえすじー

　→特別セーフガード

特別セーフガード
とくべつセーフガード

特別セーフガードはWTO農業協定第5条に基づき、ウルグアイ・ラウンド合意において輸入数量制限などの非関税措置を関税化した農産品について、関税化の代償として認められている「改革過程の期間中」効力を持つ緊急措置。

対中国経過的セーフガード
たいちゅうごくけいかてきセーフガード

中国がWTOに加盟するに当

たって合意された中国産品に特別に適用されるセーフガード措置。一般セーフガードと違い、発動対象国は中国のみで、中国産品の輸入の増加によって国内産業に市場かく乱、またはその恐れがある場合に輸入数量制限または関税引き上げができる。

国境措置
こっきょうそち

　輸出入の際に講じられる措置で、WTO体制の下では輸入の歯止め策として原則、関税のみが自然的・経済的諸条件の差異を調整する唯一正当な手法とされている。

市場アクセス
しじょうアクセス

　ある国の国内市場への産品・サービスの市場参入への権利・方法をいう。

従価税
じゅうかぜい

　輸入品の課税方法の一つで、輸入価格に対して課税する（関連→

従量税）。従量税に比べて価格低下時には課税額が小さくなるが、逆に価格上昇時には課税額が大きくなる。

従量税
じゅうりょうぜい

　輸入品の重量に対して課税する方法。日本は米などウルグアイ・ラウンド合意で関税化した品目ではこの従量税を採用している。(関連→従価税)

相殺関税
そうさいかんぜい

　補助金付きの輸入品により国内の関連産業が損害を受けた場合などに関税を上乗せする制度。WTOが認めている。

分野的イニシアティブ
ぶんやてきイニシアティブ

　一般的な関税の削減約束に加え分野ごとに更なる削減を求める考え方。

タリフ・エスカレーション
タリフ・エスカレーション

　加工度が高くなるにつれて税率が高くなる関税構造をさす。例えばトマト・ピューレはトマト自体よりも関税が高くなっており、ドーハ・ラウンドでは加工品の関税を非加工品よりも大きく削減する案が出されている。

タリフライン
タリフライン

　ＷＴＯ譲許表（国別約束表）で税率が設定されている品目の細分。関税分類上の細目。

タリフ・ピーク
タリフ・ピーク

　一定水準以上の高関税のことを一般的にこう呼ぶ。輸出国にとってはこの大幅削減が大きな関心事項。

ニューサンス・タリフ
ニューサンス・タリフ

　タリフ・ピークとは反対に一定水準以下の低関税のこと。輸出国はこういった関税は無意味であるとして撤廃を主張している。

マキシム・タリフ
マキシム・タリフ

　関税水準に上限を設定すること。ウルグアイ・ラウンド関税化品目では内外価格差を基に関税率を計算したため100％以上の高関税品目ができた。輸出国は関税の上限設定にこだわっている。

輸出税
ゆしゅつぜい

　ある産品を輸出する際にその産品に税を課すこと。税収の確保と、農産物では国内の供給を確保することも目的の一つ。現行協定では削減義務はないが、ドーハ・ラウンドでは食料に対する新たな輸出税の賦課は禁止する方向で協議が行われている。

リクエスト・オファー
リクエスト・オファー

　交渉の手法の一つで加盟各国が相互に要望（リクエスト）を提出

し、それを踏まえて自国の提案（オファー）を行うこと。2か国間でこれを繰り返し、ラウンド終結までに自国にリクエストを出したすべての加盟国と合意に向けた努力を行う。

カレントアクセス（現行輸入数量）
カレントアクセス（げんこうゆにゅうすうりょう）

ウルグアイ・ラウンドで関税化された農産物で、基準期間（1986～1988年）の国内生産量に対する平均輸入量の割合を維持することが合意された。この輸入数量枠をいう。

交差要件（クロスコンプライアンス）
こうさようけん（クロスコンプライアンス）

直接支払いと環境基準遵守の結合など、ある施策による支払いについて、別の施策によって設けられた要件の達成を求める手法。

国内支持政策
こくないしじせいさく

政府が農業生産者のために行う全ての政策をいう。ウルグアイ・ラウンド農業合意では国内支持政策を「緑」「青」「黄」の政策として次のように区分した。「緑」の政策は貿易や生産に対する影響がない政策であり、試験研究や基盤整備が該当する。「青」の政策は生産調整を伴う直接支払いのうち特定の要件を満たす政策であり、EUの直接支払やわが国の稲作経営安定対策などが該当する。「黄」の政策はそれら以外の貿易や生産に影響がある政策であり、生産関連補助金や価格支持政策が該当する。また「緑」や「青」の政策は削減の対象外としたほか、「黄」の政策は1995年から2000年までの6年間で20%削減することが加盟国間で合意された。

「緑」の政策（グリーンボックス）
みどりのせいさく（グリーンボックス）

農業政策として国が交付している助成のうち公的備蓄や災害救済など生産に結びつかない生産者に対する直接支払いなどを指し、削減の対象から除外されている。

「青」の政策（ブルーボックス）

あおのせいさく（ブルーボックス）

　緑の政策と同じく生産に結びつかない生産者に対する直接支払など国内助成の削減対象から除外される政策を指すが、緑の政策との違いは生産調整を前提としているという点。

「黄」の政策（アンバーボックス）

きのせいさく（アンバーボックス）

　緑や青の政策などの削減対象外の措置を除くすべての国内助成措置で、貿易を歪める政策と位置づけられており、ウルグアイ・ラウンド合意で基準期間（1986〜1988年度）の国内支持総額の20％を実施期間中（1995〜2000年の6年間）に毎年等量で削減することになった。

ＳＰ

えすぴー

　特別品目。途上国は、食料援助、生計保障、農村開発のニーズに基づき適切な数の特別品目を指定でき、それらの品目はより柔軟な扱いを受けることができるとされている。

重要品目

じゅうようひんもく

　→センシティブ品目

センシティブ品目

センシティブひんもく

　農産物の品目のうち貿易自由化が進むことによりその生産や関連する産業に大きな打撃が及ぶと予想される品目のこと。重要品目とも呼ばれる。

一般品目

いっぱんひんもく

　関税引下率の高い品目。重要品目以外の品目。一般品目の関税削減率は日本45〜27％、ＥＵ60〜35％、途上国などが75〜45％、米国が90〜65％をそれぞれ主張。

デミニミス（デミニマス）

デミニミス（デミニマス）

　最小限の政策として削減対象とならない国内助成のことであり、

WTO農業協定において認められている。具体的には品目を特定した国内支持であればその品目の生産額、品目を特定していない国内支持であればすべての農業生産額の5%以下の国内助成が対象。開発途上国の場合は10%まで認められている。なおわが国では野菜、鶏卵の価格安定対策などが該当。

AMS（助成合計量）

エイエムエス（じょせいごうけいりょう）

1993年のウルグアイ・ラウンドで合意された削減対象とされる国内農業の総額。国内保護を削減対象（黄の政策）と削減対象外（緑・青の政策）に分け、黄の政策については86〜88年の水準の20%ずつを毎年削減することが義務づけられている。

個別AMS

こべつえーむえす

個々の農産物保護に関する支出総額。

総合AMS

そうごうえーむえす

国内農業保護に関する支出総額

国家貿易

こっかぼうえき

国または国から特別の権利を与えられた機関が輸出入を行うこと。日本では農林水産省による米・麦の輸入や農畜産業振興機構による指定乳製品などの輸入が行われている。

マークアップ

マークアップ

輸入を行う国や機関（国家貿易企業）が徴収する輸入差益のこと。この輸入差益で内外価格差を埋める役割を担う。

輸出信用

ゆしゅつしんよう

産品を輸出する場合に政府がその輸出に関して生じる取引上の危険を保証すること。

輸出補助金

ゆしゅつほじょきん

　産品を輸出する場合に政府が支
給する補助金で、輸出促進効果が
ある上、他国の同一の輸出品に比
べ当該補助金相当額分だけ価格を
安く設定することができることか
ら貿易を歪曲する恐れがある。主
にEUなどで実施されている。

無税無枠輸入

むぜいむわくゆにゅう

　輸入関税なし、輸入数量枠なし
の輸入。2005年の香港閣僚宣言で
は後発国からの輸入品の最低97%
は、2008年までに関税と輸入数量
枠を撤廃することになった。

3 その他貿易・国際関係

国内総生産（GDP）
こくないそうせいさん（じーでぃーぴー）

Gross Domestic Product。国内において一定期間（通常一年間）に生産された財貨・サービスの付加価値額の総計。国内の経済活動の水準を表す指標。

援助米
えんじょまい

食料不足で援助が必要な国に有償もしくは無償で送る米のこと。ミニマムアクセス（MA）米（最低輸入義務による輸入米）が援助米に回されている割合が高い。

ガバナンス
ガバナンス

統治と訳される。現在多くの国々では水そのものの危機よりガバナンスの危機に直面している。良好な水のガバナンスを実現する

には統合的水管理の手法をとした効果的かつ説明責任を伴う社会政治および行政システムが必要とされている。

飢餓人口
きがじんこう

飢餓とは身長に対して妥当とされる最低限の体重を維持し、軽度の活動を行うのに必要なエネルギー（カロリー数）を摂取できていない状態を指す。必要なカロリー数は年齢や性別、体の大きさ、活動量などによって変わる。必要なエネルギーを摂取できない時期が長く続くと、エネルギー不足を補うため体や脳は働きが鈍くなる。そのため飢餓状態にある人は物事に集中したり、積極的に活動したりすることができない。また飢餓は体の免疫力を弱める。とりわけ子どもは飢餓に陥ると病気と

たたかう力が弱くなり、はしかや下痢といった一般的な病気で命を落としてしまうことがある。しかし国連の世界食糧計画（WFP）によると現在、世界ではおよそ9人に1人、計8億2,100万人が飢餓に苦しんでいる。

WFP（世界食糧計画）
ダブルエフピィ（せかいしょくりょうけいかく）

飢餓と貧困撲滅、自立と生活向上のための食料援助を通じて発展途上国の社会経済発展および緊急援助を行う国連唯一で最大の食料援助機関。1961年に設立され、食料援助活動は1963年に始められた。運営資金は各国政府からの任意拠出金と団体や個人からの寄付金で賄われている。

グローバル化
グローバルか

グローバリゼーション、グローバライゼーション。国際化の波の浸透。地球全体でかかわっている様子。人・もの・資本・情報の流通、経済活動などが地球規模で展開されること。単一市場化。

セーフティネット
セーフティネット

サーカスの「綱渡り」の網の下に張られた安全ネットを語源にしており、事故や災害などの予期せぬ不幸な出来事に遭遇した場合などに備え、用意された制度などをいう。農業経営における農産物価格の変動によるリスクを軽減することを目的としたセーフティネットの整備が検討され、2019年から収入保険制度が措置された。

TPA（貿易促進権限）
ティピィエー（ぼうえきそくしんけんげん）

Trade Promotion Authorityの略称で、米国大統領に与えられた権限。他国との間で大統領が合意した通商協定は米国議会は可決か否決かのみを決定できるだけで修正提案は一切認められていない。従来、ファストトラックと呼ばれていた。

ファストトラック

ファストトラック

　現在はTPAとよばれている。

USDA

ユーエスディエイ

　United States Department of Agriculture の略称で、米国農務省のこと。

USTR

ユーエスティアール

　United States Trade Representative の略称で、米国通商代表部のこと。貿易に関する業務を行う省庁。

米国貿易障壁報告書

べいこくぼうえきしょうへきほうこくしょ

　米国通商代表部（USTR）が毎年、貿易上の問題点を国別にまとめて公表する報告書。農産物貿易などについて不公平とする非関税障壁などを報告している。

スーパー301条

スーパーさんまるいちじょう

　米国政府が米国に対して外国政府が不当な貿易制限などを行っていると認めた場合に、これに対抗する権限を認めた米国1988年通商法第301条の特別手続のこと。もともとは1989年と1990年の時限措置。

米国農業法

べいこくのうぎょうほう

　日本の農業基本法に当たり、5〜6年ごとに改正する。連邦農業政策の根本は「1933年農業調整法」および「1949年農業法」によって規定されており、これらに定期的・時限的な修正を加えることによって時勢に対応した政策の枠組みが設定される。

2018年米国農業法

2018ねんべいこくのうぎょうほう

　2018年12月20日に成立し、有効期間は2023財政年度末（2023年9月30日）までである。課題は長引く農産物の安値に対応した農産物

プログラム（農業所得支持など）の修正。主な改正内容は不足払い・収入ナラシ制度選択の年次化、郡収入ナラシの単収データ改善、綿花（実綿）の不足払い・収入ナラシへの復帰、酪農利幅補償プログラムの各種改善、乳製品買入介入制度の廃止である。また将来の値動きに備えた施策として、融資単価の引上げと農産物の高価格が続いた場合における不足払い発動価格の一時的な引き上げが挙げられる。

カウンター・サイクリカル・プログラム

カウンター・サイクリカル・プログラム

　価格変動対応型支払制度のこと。米国では小麦、米、トウモロコシなど作物ごとに目標価格を設定し1998年に農業法に追加導入、市場価格が低迷したときに目標価格との差額を補てんする。いわゆる不足払制度のひとつ。

農家直接固定支払制度

のうかちょくせつこていしはらいせいど

　米国の1996年農業法で導入された制度で、これまで減反計画に参加して農作物を作付けしてきた農家に過去の作付作物（小麦、米、トウモロコシなど）と作付面積に基づいて算出された金額を毎年農家へ直接支払う制度。2002年農業法で大豆などが支払い対象に追加された。

デカップリング

デカップリング

　生産と切り離された直接支払いの一つで、実際に栽培されている作物に関係なく農家に補助が行われる。

アジェンダ2000

アジェンダにせん

　中東欧諸国のEU加盟に備えEUの今後の政策方向を示すことを目的とし、1999年３月のベルリン特別欧州理事会で合意されたEU加盟国間の約束文書。その主な内容はEU加盟の交渉開始に関

する勧告、EU拡大に備えた共通
農業政策（CAP）と共通地域政策
（構造基金・格差是正基金）の改
革方針、2000年から2006年までの
EU予算の枠組みの設定である。

農業交易条件
のうぎょうのこうえきじょうけん

　農産物の生産者価格と農業生産
資材価格の関係。前者が相対的に
高くなれば「農業の交易条件は改
善した」という。「交易条件指数」
は農産物生産者価格指数を農業生
産資材価格指数で除し、100を乗
じることで求める。

CAP（共通農業政策）
キャップ（きょうつうのうぎょうせいさく）

　1958年、欧州経済共同体（EEC）
設立とともに導入された政策。92
年には支持価格を引き下げ、そ
の分を農家に補てんする直接支
払制度の導入などを柱に改革。財
政支出の抑制などを課題とする
アジェンダ2000に沿って改革を進
めている。その後、域内価格支持
については米、酪農品の支持価格

を引き下げ、その引下額の一部を
直接支払いに振り向けるとともに
さらに直接支払いを段階的に削減
し、その削減額を農村開発に振り
向けることとしている。今回の改
革の背景には2004年5月にEUが
15か国から25か国に拡大すること
などに伴う一層の財政負担の増大
に加え、WTO農業交渉の動向を
踏まえ削減対象となる助成合計量
(AMS) を削減しようとする意図
があると考えられる。

外部経済効果
がいぶけいざいこうか

　経済活動が市場を介さずに他の
経済主体の経済活動に及ぼす影響
を外部効果といい、それがよい効
果である場合は外部経済という。
農業の有する多面的機能は対価が
払われることなく、他の主体にプ
ラスの効果を与えるという意味
で外部経済効果の性格を有してい
る。

家族農業の10年（2019年～2028年）

かぞくのうぎょうのじゅうねん

　国際連合が2017年、国連総会で2019年～2028年を国連「家族農業の10年」として定めた。加盟国および関係機関等に対し、食料安全保障確保と貧困・飢餓撲滅に大きな役割を果たしている「家族農業」に係る施策の推進・知見の共有などを求めている。

Ⅷ　消費者・環境・農業一般

1 食・都市との交流・地域興し

食生活指針
しょくせいかつししん

　農林水産省、厚生省（現厚生労働省）、文部省（現文部科学省）が国民の健康の増進、生活の質の向上および食料の安定供給の確保を目的として、2000年3月に3省で共同して策定した。食生活の変化に伴う栄養バランスの崩れによる生活習慣病の増加、食べ残しや食品の廃棄などの発生、さらには食料自給率の低下などに対処し健全な食生活を実現するため、健康・栄養面はもちろん環境や食料の安定供給、食文化にいたる項目からなる。

食味
しょくみ

　美味しさをあらわす指標。米の食味は一般的に粘りの程度や米粒内のたんぱく含有量で大きく左右され、粘りが強く、たんぱく含有量が低いほど食味が良いとされる。

米の食味ランキング
こめのしょくみランキング

　一般財団法人日本穀物検定協会が公表しているランキング。1971年産米から毎年全国規模の産地品種について実施している。ランクは複数産地コシヒカリのブレンド米を基準米として、これと試験対象産地品種を比較。基準米とおおむね同等のものを「A′（エーダッシュ）」とし、基準米よりも特に良好なものを「特A」▽良好なものを「A」▽やや劣るものを「B」▽劣るものを「B′（ビーダッシュ）」―として評価している。

スローフード

スローフード

　北イタリアから発生した運動で、質の良い食文化を守り、良さ、楽しさを認識すること。ファストフードに代表される多忙な現代人の食生活を見直し、地域に残る食文化を将来に伝えていこうという活動。伝統的な食材・料理や質の良い食材を提供する小生産者の保護、消費者の食の教育などの推進を行う。

スローライフ

スローライフ

　科学技術の発達により過度な加速で進んでいく現代社会で、家族、友人、生きものを思う気持ちを尊重し、美味しいものを食べ、気持ちのよい環境で心と身体の健康を保ちながら暮らす。ゆっくり育てられた安全な食材をゆっくり味わうスローフードのコンセプトを原点にした、エコロジカルで持続的なライフスタイルのこと。

半農半Ｘ

はんのうはんエックス

　半自給的な農業とやりたい仕事を両立させる生き方。自ら米や野菜などの主だった農作物を育てる一方で、個性を活かした自営的な仕事に携わり、一定の生活費を得ること。福知山公立大学准教授・塩見直紀氏が提唱し、農業で収入を得ることを目的とする兼業農家とは区別されて使われる。

世界食料デー

せかいしょくりょうデー

　1979年に国連食糧農業機関（FAO）が毎年10月6日に設定した世界の食料問題を考える日。最も重要な基本的人権である「すべての人に食料を」を現実のものにし、世界に広がる飢餓、栄養不良、極度の貧困を解決することを目的としている。

野菜ソムリエ

やさいソムリエ

　野菜・果物の知識を身につけ、その魅力や価値を社会に広めるス

ペシャリストを認定する資格。野菜ソムリエ、野菜ソムリエプロ、上級野菜ソムリエプロの３種類がある。

ミールソリューション
ミールソリューション

　「食」に関するすべてを総合的に解決すること。家庭で料理を一から作る代わりに、惣菜店やスーパーの惣菜、下ごしらえされた食材を買い求めて手早く食事を作る傾向を指す。食品スーパーでは単に食材を提供するだけでなく、キッチンサポーターとして「料理の提案」や「献立のアドバイス」を積極的に行う新しい戦略として導入が進んでいる。

オーナー制
オーナーせい

　水田、果樹や家畜などについて、生産者と都市住民（消費者）が契約を結び、都市住民がオーナー（形式上の所有者）となり、農作業の体験や生産者との交流をしながら、収穫した農作物を受け取るこ

とができる制度。

クラインガルテン
クラインガルテン

　都市住民がレクリエーションなどを目的に農家や地方自治体などと契約した小面積の農地に野菜や花等を栽培する「市民農園」に、休憩・宿泊に使用する簡単な小屋を併設したヨーロッパ型の滞在型市民農園のこと。語源はドイツ語の「小さな庭（kleingarten）」。

グリーンツーリズム
グリーンツーリズム

　自然豊かな農山漁村に滞在し、地方独自の自然・文化や、地元の人々との交流を楽しむ余暇の過ごし方。1970年代からイギリス、ドイツ、フランスなどを中心に広がった。日本でも農林水産省の提唱で1995年から、（一財）都市農山漁村交流活性化機構（略称：まちむら交流きこう）が農林漁家の体験民宿登録制度をスタートさせ、研修や広報の面で支援している。

景観作物

けいかんさくもつ

　病害虫防除、雑草抑制などに役立つとともに、農村の景観を豊かにする作物。菜の花、レンゲ、ソバなど。

棚田

たなだ

　傾斜地に等高線に沿って作られた水田。米の生産のほか雨水の保水・貯留による洪水防止、水源のかん養、多様な動植物や貴重な植物の生息空間や美しい景観の提供などの様々な役割を果たしている。

市民農園

しみんのうえん

　サラリーマン家庭や都市の住民が小面積の農地を利用して野菜や花を育てる農園。レクリエーション、高齢者の生きがいづくり、生徒・児童の体験学習など様々な目的で利用されている。

農業体験農園

のうぎょうたいけんのうえん

　市民農園のように農地を区画ごとに貸し出すのではなく、耕作の主体は農地所有者である農園主であり、入園者（利用者）は農園主の指示に従って農作業を行うという開設者と利用者が一体となって農作業を行うもの。市民参加型の農業経営で、東京都練馬区など都市圏を中心に実践されている。

教育ファーム

きょういくファーム

　子どもから大人までを対象として生産者の指導の下、作物を育てるところから食べるところまでの体験を提供する取り組み。体験者が自然の恩恵に感謝し、食に関わる活動への理解を深めることが目的。学校教育で授業時間などを活用して取り組む「学校型」と年代問わず参加者を募集する「一般参加型」の２種類がある。

食農教育
しょくのうきょういく

　食の問題や農業・農村の役割と現状について理解を深めるために家庭における食事や学校給食、社会教育などを通して行う全般的な活動。

総合学習
そうごうがくしゅう

　教科の枠を越えて特定の主題にそって総合的に学習を組織する教育課程・方法。1996年の中教審答申で「生きる力」の育成などを提言、1998年の教育課程審議会答申で「総合学習」の導入が提言された。2002年度から本格導入され、体験学習や地域の特色を取り入れた学習が奨励されている。

都市と農山漁村の交流
としとのうさんぎょそんのこうりゅう

　都市と農山漁村がそれぞれの特徴をいかし、お互いの魅力を享受できるような互恵的な関係を築きあげ、都市と農山漁村の間で「人・もの・情報」が循環するような状況を作り出していくこと。具体的にはグリーンツーリズム、農林漁業体験などによる交流機会の確保や交流の場の整備などにより、都市と農山漁村の交流を促進するための取り組みが挙げられる。

オーライ！ニッポン会議
オーライ！ニッポンかいぎ

　都市と農山漁村の共生・対流を国民的な運動として展開するために、市町村、ＮＰＯ、企業、個人などが集まって2003年6月に設立された「都市と農山漁村の共生・対流推進会議」の通称。代表は養老孟司東大名誉教授で「オーライ！ニッポン大賞」の授与など顕彰活動を行っている。

男女共同参画社会
だんじょきょうどうさんかくしゃかい

　男女が社会の対等な構成員として自らの意思によって社会のあらゆる分野における活動に参画する機会が確保され、もって男女が均等に政治的、経済的、社会的および文化的利益を享受することがで

き、かつともに責任を担うべき社会。

農山漁村女性の日

のうさんぎょそんじょせいのひ

女性が農林水産業の重要な担い手としてより一層能力を発揮していくことの促進を目的とし、3月10日に設定された日。毎年3月、JA全国女性組織協議会、全国農業委員会女性協議会など7団体で構成する農山漁村男女共同参画推進協議会主催で記念行事が行われている。

農山漁村女性ビジョン

のうさんぎょそんじょせいビジョン

男女共同参画社会を目指す農山漁村におけるパートナー指標。農山漁村において、男女が社会の対等な構成員、パートナーとして参画しあえるような社会をめざす指標。農業委員やJA役員などへの登用目標を数値で示すなどして同社会の実現を目指す。

女性の参画目標

じょせいのさんかくもくひょう

農林水産業・農山漁村において女性の果たしている役割の重要性に照らし、地域の様々な方針決定の場において女性の参画を高めるため地方公共団体などにおいて策定されている目標。

グリーンツーリズムインストラクター

グリーンツーリズムインストラクター

グリーンツーリズムにおける地域での農林漁業体験などの指導者。以下の3種類の機能に分かれる。コーディネーター（企画立案者）、地域における農林漁業体験などを総合的に企画・調整できる指導者。インストラクター（体験指導者）、地域における農林漁業体験などを総合的に指導できる指導者。エスコーター（地域案内人）、地域における農林漁業体験などの紹介やあっせん、簡単な指導、地域景観の紹介やその土地の情報を提供できる指導者。

NPO（非営利団体）
エヌピィオー（ひえいりだんたい）

　営利を目的とせず、社会貢献活動を行う民間の組織や団体のこと。活動領域は医療・福祉、環境、まちづくり、農業など幅広く、行政とは独立して自主的に社会貢献を行うなど市場でも政府でも十分に供給できないサービスを提供しており、市民が行う自由な社会貢献活動を担う。特定非営利活動促進法などに基づき法人格を取得し、法人行為を行えるNPO法人（特定非営利活動法人）と任意団体を含む広義のNPOとがある。

集落再編
しゅうらくさいへん

　国土の適切な利用・管理や健全な地域社会の維持などの観点からの集落再編の取り組みが行われている。集落再編は大きく分けると居住地を移動するタイプ（居住地移動型再編）と移動しないタイプ（居住地非移動型再編）に分けられる。

地域興しマイスター
ちいきおこしマイスター

　地域活性化やグリーンツーリズムなどの推進のために地域住民団体が行う活動に対して技術的支援・助言をする専門家。各都道府県が数人～10数人を登録し、要請に応じて派遣などを行っている。

地理情報システム（GIS）
ちりじょうほうしすてむ（じーあいえす）

　Geographic Information Systemの略。位置に関する情報をもったデータ（空間データ）を総合的に管理・加工し、視覚的に表示できる高度な分析や迅速な判断を可能にする技術。

グローバル・ポジショニング・システム（GPS）
ぐろーばる・ぽじしょにんぐ・しすてむ（じーぴーえす）

　複数の人工衛星からの電波を利用して正確な軌道と時刻情報を取得することにより、現在位置の緯経度や高度を測定するシステム。農業分野ではGPSガイダンスシステムが開発され、農機の自動運

転を実現。農作業の省力化や高精度化に向けた基本的な技術としての普及が進んでいる。

農福連携
のうふくれんけい

　農業者やJAなどの農業サイドと社会福祉法人やNPO法人などの福祉サイドが連携をすることで、農業分野での障害者などの働く場所づくり、あるいは居場所づくりを実現しようとする取り組み。2019年4月、内閣府に官房長官を議長とする農福連携等推進会議が設置されたほか、民間組織・団体による「日本農福連携協会」がある。

ユニバーサル農業
ゆにばーさるのうぎょう

　高齢者や障がい者などを含むすべての多様な人が従事できる農業。障がい者の就業・就労継続、園芸療法や高齢者の生きがいづくりなどさまざまな機能を持っている。

ワークショップ
ワークショップ

　地域住民が地域づくりなどについて自由な意見交換、提案などを行う手法。

ブログ
ブログ

　ウェブ（インターネット）とログ（日誌）を一つにした言葉。ホームページから簡単に作れ、不特定多数の人と自由に交流できる特徴がある。

SNS
エスエヌエス

　Social Networking Serviceの略。ウェブ上で人同士のつながりができるサービス。自己情報を公表し、人との出会いにつながる。ツィッターやフェイスブック、インスタグラムなどが有名。

UJIターン
ユージェイアイターン

　大都市圏の居住者が地方に移住する動きの総称。Uターンは出身

地に戻る形態、Jターンは出身地の近くの地方都市に移住する形態、Iターンは出身地以外の地方へ移住する形態を指す。

定年帰農
ていねんきのう

　農村出身者が定年退職後に故郷の農村へ戻り、農業に従事すること。また出身地を問わず定年退職者が農村に移住し、農業に従事することをもいう。

4Hクラブ
よんエイチクラブ

　農村青少年クラブとして将来望ましい農業の担い手となるために自主的な集団的活動・実践活動を行う組織。戦後、アメリカの4Hクラブに範をとり、発足した。活動も農業教育から社会教育的活動まで範囲が広がっている。4つのHとはHead＝科学的に物を考えることの出来る頭脳、Heart＝誠実で友情に富む心、Hands＝農業の改良と生活の改善に役立つ腕・技術、Health＝楽しく暮らし、

元気で働くための健康。

6次産業
ろくじさんぎょう

　農業生産（1次）、農産加工（2次）に加え、客に農場に来てもらい、果物などのもぎ取りや農作業体験などを通じて加工品の販売やレストランなどのサービス（3次）を提供するもの。「1×2×3＝6次産業」で、今村奈良臣東京大学名誉教授が提唱した。

農家レストラン
のうかレストラン

　農業経営者が、食品衛生法に基づき、都道府県知事の許可を得て、自ら生産した農産物や地域の食材を用いた料理を提供しているレストランのこと。

2　環　境

アグロフォレストリー
アグロフォレストリー

　樹木または木本植物と農作物もしくは家畜をほぼ同時期に植栽したり放牧する。樹木などの生長度合に応じて、農作物を短期的あるいは永久的に栽培、飼育し、植物資源を常に保有しつつ土地を有効に利用し、生産するシステム。

アジェンダ21
アジェンダにじゅういち

　1992年のブラジルのリオデジャネイロで開催された地球サミット（環境と開発に関する国際連合会議）において採択された環境分野における21世紀の持続可能な開発に向けた国際的取り組みの行動計画。地球の生命維持基盤となっている自然資源の保全と管理のため、大気、海洋、生物多様性の保護、森林破壊の防止、持続的な農業の推進などをテーマとする詳細な計画が規定されている。

エルニーニョ、ラニーニャ
エルニーニョ、ラニーニャ

　東太平洋赤道域（ペルー沖）の海水温によって起こる現象。平年より海水温が高くなるとエルニーニョ、低くなるとラニーニャ現象という。わが国においてはエルニーニョでは暖冬・冷夏、ラニーニャでは寒冬・暑夏傾向になる。それぞれわが国の天候に影響があり、農業生産にも深くかかわってくる。

京都議定書
きょうとぎていしょ

　1997年に京都で開かれた気候変動枠組条約第3回締結国会議（ＣＯＰ３）で採択された温室効果ガス削減のための議定書。温室

効果ガスの排出量を先進国全体で2008年から2012年までに5.2％削減することが約束された。2001年に当時の最大排出国である米国（36.1％）が経済への悪影響と途上国の不参加などを理由に離脱。2005年2月に米・豪抜きで発効した。

パリ協定

パリきょうてい

2020年以降の地球温暖化対策の国際的枠組みを定めた協定。15年12月パリで開催されたCOP21で採択され、16年11月発効。地球温暖化対策にすべての国が参加し、世界の平均気温の上昇を産業革命前の2℃未満（努力目標1.5℃）に抑え、21世紀後半には温室効果ガスの排出を実質ゼロにすることを目標とする。締約国は削減目標を立てて5年ごとに見直し、国連に実施状況を報告することが義務づけられた。また先進国は途上国への資金支援を引き続き行うことも定められた。

温室効果ガス

おんしつこうかがす

地球から宇宙への赤外放射エネルギーを大気中で吸収して熱に変え、地球の気温を上昇（地球温暖化）させる効果を有する気体の総称。代表的なものは二酸化炭素（CO_2）、メタン（CH_4）、一酸化二窒素（N_2O）。

カーボンニュートラル

カーボンニュートラル

人為的活動を行った際に排出される二酸化炭素と吸収される二酸化炭素が同じ量であるといったこと。カーボンニュートラルの概念により、温室効果ガスである二酸化炭素を実質ゼロにしてくれるバイオマス燃料が注目されている。

環境アセスメント

かんきょうアセスメント

環境に影響を及ぼす恐れのある事業に対して環境影響を調査・予測するとともに結果を公表し、住民から意見を募集して環境影響を軽減または回避しようというも

の。1997年には一定条件を満たす大規模公共事業を対象とした環境影響評価（アセスメント）法が成立。一部自治体ではより先進的な条例制度を設けている。

資源生産性
しげんせいさんせい

単位投入資源あたりの製品生産性。従来は主に製造業を中心に人に焦点をあてた労働生産性や生産の効率化を図る考え方があったが、地球温暖化や地球資源の枯渇などの環境問題や資源価格の高騰や変動、レアメタルなどの諸国間での資源の争奪がクローズアップされてきており、単位資源あたりの生産性を重視する流れが起きた。現在は企業経営上の重要課題になっている。

資源保全
しげんほぜん

食料の安定供給の基盤である農地・農業用水や農村の自然環境、景観などの資源を良好な状態で保全管理すること。

持続可能な開発目標（SDGS）、持続可能な開発のための2030アジェンダ
じぞくかのうなかいはつのための2030アジェンダ

「持続可能な開発目標」（Sustainable Development Goals：SDGs）と、それについて2015年の国連総会で採択された2030年までの新たな持続可能な開発の指針を策定したもの。単に2030アジェンダともいう。

循環型社会
じゅんかんがたしゃかい

廃棄物の発生を抑制し、限りある資源を有効活用する社会。循環型社会形成推進基本法に基づき、農業分野においては、家畜排せつ物や食品残渣の有効利用、たい肥の使用などによる持続性の高い農業を推進している。

循環型社会形成推進基本法
じゅんかんがたしゃかいけいせいすいしんきほんほう

日本における循環型社会の形成を推進する法律。

３R

スリー（さん）アール

　Reduce（リデュース）＝廃棄物の発生抑制、Reuse（リユース）＝再使用、Recycle（リサイクル）＝再資源化の３つの頭文字をとった言葉。

バイオマス

ばいおます

　家畜排せつ物や生ゴミ、木くずなどの動植物から生まれた再生可能な有機性資源。2002年にバイオマスの利活用推進に関する具体的取組や行動計画が「バイオマス・ニッポン総合戦略」として閣議決定。05年２月の京都議定書発効などの情勢の変化を踏まえて見直しを行い、国産バイオ燃料の本格的導入、林地残材などの未利用バイオマスの活用などによるバイオマスタウン構築の加速化が図られている。08年には農林漁業バイオ燃料法（農林漁業有機物資源のバイオ燃料の原材料としての利用の促進に関する法律）が制定（08年10月１日施行）された。

バイオマスタウン

バイオマスタウン

　関係者の連携の下、バイオマスの発生から利用までが効率的なプロセスで結ばれた総合的な利用システムが域内に構築され、安定的かつ適正なバイオマス利用が行われているか、あるいは今後行われることが見込まれる地域のこと。

バイオマス・ニッポン総合戦略

バイオマス・にっぽんそうごうせんりゃく

　地球温暖化防止、循環型社会の形成などの観点からバイオマスの総合的な利活用の推進に向けて、持続的に発展可能な社会「バイオマス・ニッポン」を早期実現するため2002年12月に閣議決定された戦略。

廃棄物系バイオマス

はいきぶつけいバイオマス

　バイオマスのうち廃棄される紙、家畜排せつ物、食品廃棄物、建設発生木材、黒液（パルプ工場廃液）、下水汚泥といったもの。

未利用バイオマス
みりようバイオマス

バイオマスのうち稲わら、麦わら、もみ殻などの農作物非食用部、林地残材といった未利用のもの。

資源作物
しげんさくもつ

エネルギー源や製品材料とすることを主目的に栽培される植物で、トウモロコシ、ナタネなどの農作物やヤナギなどの樹木。

ビオトープ
ビオトープ

ドイツ語の「ビオ（生物）」と「トープ（場所）」からできた合成語。もともとそこにあった自然環境を限られた範囲内で復元した場所のこと。多様な生物が安定した生態系の中で暮らせるような配慮を施している。河川や公園の整備などで、ビオトープの手法をとり入れた開発計画が注目を浴びている。

生物多様性
せいぶつたようせい

様々な生物が相互の関係を保ちながら、本来の生息環境の中で繁殖を続けている状態を保全すること。

予防原則
よぼうげんそく

環境問題に取り組む基本的な基準となりつつある考え方で1992年、リオデジャネイロで開かれた国連環境開発会議で出されたリオ宣言の原則15で明文化されている。活動が人の健康と環境に対して危害を及ぼす恐れがある時には、たとえその因果関係が科学的に十分立証されていなくても予防的手段が行われるべきとされている。科学的不確実性があるということで対策が遅れ、被害が増大した最も明らかな事例が日本の水俣病といわれている。

仮想水（バーチャルウォーター）
かそうすい（バーチャルウォーター）

農産物や工業製品を生産するの

に必要な水の量を示すもの。穀物1 t 生産するのに水1,000 t が必要とされる。世界最大の農産物輸入国の日本は年間439億 t （1998年）の農業用水を輸入していることになる。これは国内の生活用水（164億 t ）の2.7倍もの量になる。

地域用水機能
ちいきようすいきのう

　農業用水が灌漑に利用されるだけでなく、生活に密着した「地域の水」として農業集落の防火、消流雪などに活用されているほか景観形成、生態系保全、水路の水質保全などの役割を果たしていること。

農業集落排水施設
のうぎょうしゅうらくはいすい

　農業用水の水質保全と農村の生活環境を改善するため、農業集落の屎尿や生活雑排水などの処理を目的として、農林水産省の補助事業により整備し、公共下水道とほぼ同様の機能をもつ施設。

農業水利施設
のうぎょうすいりしせつ

　河川水などを効率よく利用できるよう土木技術で造られたダム、頭首工、揚水機場、排水機場、水路などを「水利施設」といい、このうち農業用に供されるものを「農業水利施設」という。

頭首工
とうしゅこう

　湖沼、河川などから用水路へ必要な用水を引き入れるための施設。

社会共通資本
しゃかいきょうつうしほん

　社会全体にとって共通の財産として管理・運営されるもの。国や地方自治体などの財産だけでなく、地域の共有財産や社会慣行なども含む。農業水利施設や道路など社会的インフラストラクチャー、水や土壌などの自然環境、農業水利のルールなど。

単収増加効果

たんしゅうぞうかこうか

　灌水などにより農産物の単位当たり収量が増加する効果。

品質向上効果

ひんしつこうじょうこうか

　灌水などにより農産物の規格・等級が向上する効果。

BOD

ビィオーティ

　生物化学的酸素要求量（Biochemical oxygen demand）。河川水や工場排水中の汚染物質（有機物）が微生物によって無機化あるいはガス化されるときに必要とされる酸素量のこと。数値が大きいほど水質が汚れている。

SS

エスエス

　浮遊物質（suspended solids）。水中に浮遊している物質の量のこと。数値が大きいほど水質が汚濁されていることを示す。

農業環境規範

のうぎょうかんきょうきはん

　土づくりの励行、適切で効果的・効率的な施肥、効果的・効率的で適切な防除、家畜排せつ物法の遵守、エネルギーの節減など農業者が環境保全に向けて最低限取り組むべき事項をまとめたもの。農業者自らが生産活動を点検し、改善に努めるためのものとして策定。

エコファーマー

エコファーマー

　「持続性の高い農業生産方式の導入の促進に関する法律」に基づき、土づくりや化学肥料・農薬の使用低減を一体的に行うことを内容とする「持続性の高い農業生産方式の導入に関する計画」を知事に提出して、当該導入計画が適当である旨の認定を受けた農業者の愛称名。エコファーマーになると導入計画に即して金融・税制上の特例措置が受けられる。

環境保全型農業
かんきょうほぜんがたのうぎょう

　農薬や肥料の適正な使用、稲わらや家畜排せつ物などの有効利用による土づくりなどによって、農業の自然循環機能の維持増進を図ろうとする農業生産方式のこと。有機農業もその一つ。

有機農法
ゆうきのうほう

　化学的に合成された肥料および農薬を使用しないことならびに遺伝子組み換え技術を利用しないことを基本として、農業生産に由来する環境への負荷をできる限り低減した農業生産の方法。広義には無農薬から低農薬農法までを含む。

　有機JAS規格に認証された農産物は有機JASマークをつけることができる。

自然農法
しぜんのうほう

　不耕起（耕さない）、不除草（除草しない）、不施肥（肥料を与えない）、無農薬を特徴とする農法。

慣行農法
かんこうのうほう

　一般的な栽培方法。化学肥料を使い、農薬を使って栽培を行う。各地域において相当数の生産者が実施している。農薬や肥料の投入量や散布回数などが他の農法と比較する要素。

環境負荷
かんきょうふか

　環境に加えられる影響であって、環境保全上の支障の原因となるおそれのあるもの。農業分野においては化学肥料・農薬の過剰投入や家畜排せつ物の不適切な管理などが環境負荷の原因となる。

干害防止効果
かんがいぼうしこうか

　用水改良により用水不足に起因する被害を防止することによって増収する効果。

ダイオキシン類

ダイオキシンるい

　非常に強い毒性を持つ有機塩素化合物、ポリ塩化ジベンゾパラダイオキシンなどの総称。塩素を含む物質の不完全燃焼や薬品類の合成の際、意図しない副合成物として生成する。

　ダイオキシン類の人に対する毒性は一般毒性、発がん性、生殖毒性、免疫毒性など多岐にわたる。

内分泌かく乱物質（環境ホルモン）

ないぶんぴつかくらんぶっしつ（かんきょうホルモン）

　生物の体内にとりこまれた場合、生体内で営まれている正常なホルモン作用に影響を与える外因性の物質。通称、環境ホルモン。

地域循環利用システム

ちいきじゅんかんシステム

　地域で排出される家畜排せつ物や生活生ゴミなどの有機性資源について関係者と連携し、たい肥などに再利用し、有機・特別栽培農産物の生産拡大を図る地域内で循環していくシステム。

ふん尿処理規制

ふんにゅうしょりきせい

　畜産経営者（牛10頭など一定規模以上）に対し家畜排せつ物の野積み、素掘り（未処理貯留など）を禁止し、たい肥化や浄化により適正に処理・利用することを定めた規制のことで、「家畜排せつ物の管理の適正化及び利用の促進に関する法律」に基づくもの。

農業の自然循環機能

のうぎょうのしぜんじゅんかんきのう

　稲わらや家畜排せつ物などをたい肥として農地に還元することによって、①土壌に含まれる水分・気体などの成分バランスが改善され生産力が増進する②養分として再び作物に吸収される③土壌中の微生物が多様化する。このように農業生産活動は自然界での生物を介した物質の循環に依存するとともに循環を促進する機能を持つ。

硝酸態窒素

しょうさんたいちっそ

　肥料成分である窒素の存在形態

の一つで、硝酸イオン（NO_3^-）の形で存在する窒素をいう。土壌中ではアンモニア態窒素（NH_4^+）は土壌粒子に吸着されるため移動しにくいが、硝酸態窒素は移動性が大きく土壌中を下降する水によって溶脱されやすい。

リキッドフィーディング

リキッドフィーディング

　食品ロスなどを利用した液状飼料を使ったシステム。特徴は①乾燥しないで液状のまま利用でき余分なコストがかからない②資源の循環が図られる③PH（ペーハー）を酸性に保ち豚の消化管内を良好にして健康④豚舎の粉じん・豚の呼吸器疾病がなくなり従業員も健康⑤安価な資源を利用することができ、飼料費を低減──など。

クールビズ

くーるびず

　冷房時のオフィスの室温を28℃にした場合でも「涼しく効率的に働くことができる」というイメージを分かりやすく表現した夏の新しいビジネススタイルの愛称。「ノーネクタイ・ノー上着」スタイルがその代表。

外来種

がいらいしゅ

　人間の活動によって植物や動物が移動し、それまでは生息していなかった地域に定着、繁殖するようになった種のこと。ペットとして飼いきれなくなって捨てられたアライグマのように意図的に持ち込まれるケースと、輸入品とともに移動する種子のように非意図的に持ち込まれるケースがある。いずれの場合も定着した地域の在来種との生存競争が起こり、在来種が絶滅に追いやられるケースも出ている。

固定価格買取制度（FIT）

こていかかくかいとりせいど（えふあいてぃ）

　再生可能エネルギーの普及を図るため、再エネで発電された電気を電力会社が一定期間、固定価格で買い取ることを義務づけた制度。2012年7月に始まり、調達費用は電気使用者から賦課金として

電気料金とともに集められる。

ゼロエミッション
ぜろえみっしょん

　ある産業の製造工程から出る廃棄物を別の産業の原料として利用することで廃棄物の排出（エミッション）をゼロにする循環型産業システムの構築を目指すもの。国連大学が提唱し、企業や自治体で取り組みが進む。

真夏日
まなつび

　1日の最高気温が摂氏30℃以上になる日のこと。

猛暑日
もうしょび

　1日の最高気温が摂氏35℃以上になる日のこと。

木質ペレット
もくしつペレット

　おがくずや木くず、間伐材、製材廃材、林地残材といった木質系の副産物、廃棄木材などの粉砕物を圧縮してできた固形燃料。水分が少なく、高温で燃焼するダイオキシンの発生を大幅にカットできる。また燃焼時に有害物質を出す心配がなく地球温暖化防止効果もあることから、再生可能エネルギーとしての効果も期待されている。

アグロエコロジー
アグロエコロジー

　環境や地域社会に配慮した農業とそれを求める社会的な動きのこと。

再生可能エネルギー
さいせいかのうエネルギー

　石油、石炭などの有限でいずれ枯渇する資源とは違い、太陽や風など自然活動によって絶えず再生され、半永久的に利用できるエネルギー。太陽光、風力、小水力（環境に大きな影響を与えるダム式水力は除く）、地熱、バイオマス（生物資源）などで発電し、電力エネルギーとして利用する。わが国の総発電量に対する再生可能

エネルギーの割合は2018年時点で
17.4％。政府のエネルギー基本計
画で、2030年までに22〜24％程度
まで高める目標を示している。

農山漁村再生可能エネルギー法
のうさんぎょそんさいせいかのうエネルギーほう

　農林漁業の健全な発展と調和の
とれた再生可能エネルギー電気の
発電の促進に関する法律。国土の
大半を占める農山漁村にはバイオ
マス、土地、水などの再生可能エ
ネルギー資源が豊富に存在し、高
い利用可能性があるため、①地域
への利益還元②農林漁業との土地
の利用調整③地域の合意形成や
機運の醸成を図ること―を目的に
2013年11月に成立し、14年5月1
日に施行された。

3 農業災害

東日本大震災
ひがしにほんだいしんさい

　2011年3月11日14時46分に宮城県牡鹿半島の東南東沖130kmの海底を震源として発生した地震と大津波などの総称。地震の規模を示すマグニチュードは9.0、最大震度は7だった。この地震により場所によっては波高10m以上、最大遡上高40.1mにも上る大津波が発生し、東北地方と関東地方の太平洋沿岸部に壊滅的な被害をもたらした。震災による死者・行方不明者は約1万8429人、建築物の全壊・半壊は合わせて40万戸以上（2019年7月9日現在）。

復興庁
ふっこうちょう

　復興庁は内閣府と同様に、内閣を補助する総合調整事務と個別の実施事務を行う。具体的には復興に関する国の施策の企画、調整や被災自治体の復興計画策定への助言、復興特別区域の認定、復興交付金と復興調整費の配分、国の事業の実施や県・市町村の事業への支援に関する調整・推進など。設置期限は復興基本方針に定める復興期間と合わせて震災発生年から10年間（2011年度から32年度までの間）。

東日本大震災復興基本法
ひがしにほんだいしんさいふっこうきほんほう

　東日本大震災がその被害が甚大であり、かつその被災地域が広範にわたるなど極めて大規模なものであるとともに、地震および津波ならびにこれらに伴う原子力発電施設の事故による複合的なものであるという点においてわが国にとって未曽有の国難であることに鑑み、東日本大震災からの復興に

ついての基本理念を定め、ならびに現在および将来の国民が安心して豊かな生活を営むことができる経済社会の実現に向けて、東日本大震災からの復興のための資金の確保、復興特別区域制度の整備その他の基本となる事項を定めるとともに、東日本大震災復興対策本部の設置および復興庁の設置に関する基本方針を定めることなどにより、東日本大震災からの復興の円滑かつ迅速な推進と活力ある日本の再生を図ることを目的とした法律。

東日本大震災復興特別区域法
ひがしにほんだいしんさいふっこうとくべつくいきほう

　東日本大震災からの復興が国と地方公共団体との適切な役割分担および相互の連携協力が確保され、かつ被災地域の住民の意向が尊重され、地域における創意工夫を生かして行われるべきものであることに鑑み、東日本大震災復興基本法第10条の規定の趣旨にのっとり復興特別区域基本方針、復興推進計画の認定および特別の措

置、復興整備計画の実施に係る特別の措置、復興交付金事業計画に係る復興交付金の交付などについて定めることにより、東日本大震災からの復興に向けた取組の推進を図り、もって同法第3条の基本理念に則した東日本大震災からの復興の円滑かつ迅速な推進と活力ある日本の再生に資することを目的とした法律。

放射性物質
ほうしゃせいぶっしつ

　放射能を持つ物質の総称。ウラン、プルトニウム、トリウム、セシウムのような核燃料物質がある。

放射線
ほうしゃせん

　放射線の中で電離を起こすエネルギーの高いものを電離放射線とし非電離放射線と分けられるが、一般に放射線とはエネルギーの高い電離放射線を指す。放射線は人体に悪影響を及ぼす可能性があるが、医療、工業、農業、その他の

分野で有効利用されている。

食品中の放射性物質の新基準

しょくひんちゅうのほうしゃせいぶっしつのしんきじゅん

　放射性物質を含む食品からの被ばく線量の上限を暫定規制値の年間 5 mSv（ミリシーベルト）から年間 1 mSv に引き下げ、これをもとに放射性セシウムの基準値を設けたもの。2012年 4 月 1 日から新基準に移行した。一般食品：100Bq（ベクレル）/kg、牛乳：50Bg/kg、水：10Bg/kg、乳児用食品：50Bg/kg。

原子力損害賠償紛争審査会

げんしりょくそんがいばいしょうふんそうしんさかい

　原子炉の運転などにより原子力損害が生じた場合、原子力損害の賠償に関する法律第18条に基づいて文部科学省に臨時的に設置される機関。2011年 3 月の東京電力福島第一原発事故発生により同年 4 月11日に設置され、 4 月15日に初会合が開かれた。法律・医療・原子力工学の学識経験者によって構成され、損害に関する調査・評価、当事者による自主的解決のための指針の策定、和解の仲介などを行う。

塩害

えんがい

　台風、高潮、津波などによる農地の冠水、地盤沈下や地下水への海水の浸入などによって起こる植物の枯死など。土壌中に塩分が過剰に存在すると土壌溶液の浸透圧が増加して植物の根の吸水機能の低下や植物体外への水分流出が起こり、水分不足（生育障害）となって植物が枯死する。また海水が土壌中に浸入した場合、土壌の単粒化や緊硬度を高め、土壌の透水性の著しい低下が起こり、排水不良による作物の根腐れが発生する。

熊本地震

くまもとじしん

　2016年 4 月14日21時26分以降に、熊本県熊本地方を震源として発生した一連の地震。熊本県と大分県を中心に震度 6 弱以上を観測する地震が 7 回発生し、熊本県益

城町では震度 7 の揺れが 2 回観測された。約3000人の死傷者と、20万棟近くの住宅被害が確認されている（2017年 4 月13日時点）。

激甚災害制度
げきじんさいがいせいど

　国民経済に著しい影響を及ぼし、地方財政への負担緩和や被災者への特別な助成措置が特に必要と認められる災害が発生した場合に、内閣府が設置する中央防災会議の意見を聴取した上で政府がその災害を「激甚災害」と指定する制度。中央防災会議が定める「激甚災害指定基準」と「局地激甚災害指定基準」により判定する。指定を受けると、地方公共団体が行う災害復旧事業などへの国庫補助のかさ上げや中小事業者への保証の特例などの措置が講じられる。

災害査定
さいがいさてい

　国庫補助事業を活用して災害復旧事業を行う場合に、国が被害の程度を確認し、申請された復旧工事に必要な工法や費用が適正かどうかを現地で査定するもの。農林水産省は2017年 6 月、2016年に発生した北海道での台風災害を受け、従来は北海道と都府県で異なっていた 1 a 当たり農地復旧限度額を全国で同一にするよう見直し。併せて傾斜度ではなく被災面積に応じた単価スライドへ変更することで傾斜度の測量を不要とし、事務を効率化して査定手続きの迅速化を図った。

査定前着工
さていまえちゃっこう

　災害査定を待たずに復旧工事に着手できる制度。農地や水路などの復旧を急げば次期作付けに間に合う場合などに活用できる。事業主体の判断で仮設的な応急工事を実施する「応急仮工事」と、最小限の資料で農政局などに申請し、早ければ即日の承認後に着工できる「応急本工事」がある。

農地防災事業
のうちぼうさいじぎょう

　農地や農業用施設への自然災害による被害を未然防止するほか、農業用用排水の汚濁や農地の土壌汚染などを防止することで、農業生産の維持や経営の安定、国土保全などを図る各種事業。ため池等整備事業や地すべり対策事業などがある。

平成30年7月豪雨
へいせいさんじゅうねんしちがつごうう

　2018年（平成30年）6月28日から7月8日にかけて西日本を中心に北海道や中部地方を含む全国的に広い範囲で記録された台風7号および梅雨前線等の影響による集中豪雨。同年7月9日に気象庁が命名。

平成30年北海道胆振東部地震
へいせいさんじゅうねんほっかいどういぶりとうぶじしん

　2018年9月6日に、北海道胆振地方中東部を震源として発生したマグニチュード6.7の地震。農林水産関係では、停電で搾乳できない農場や保存されている生乳を冷却ができず廃棄する被害などが発生した。

4　鳥獣害対策

有害鳥獣
ゆうがいちょうじゅう

　人畜や農作物などに被害を与える鳥獣。クマ、シカ、イノシシ、カラスなどが市街地や農地に入り込み、何らかの被害をおよぼした場合をいう。

　また鳥獣保護法の中で、農林水産物への被害や生活環境の悪化をもたらす動物について、有害鳥獣駆除の項目が定められている。

鳥獣被害対策実施隊
ちょうじゅうひがいたいさくじっしたい

　鳥獣被害防止特措法に基づき、市町村が被害防止計画に基づく捕獲、防護柵の設置といった鳥獣被害対策の実践的活動を担う。

野生鳥獣肉の衛生管理に関する指針
やせいちょうじゅうにくのえいせいかんりにかんするししん

　野生鳥獣肉の利活用にあたり捕獲、運搬、食肉処理、加工・調理および販売、消費の各段階における適切な衛生管理の考え方が示されたもので、2014年11月に厚労省が作成した。

ジビエ
じびえ

　シカやイノシシなど狩猟などで捕獲された野生鳥獣の肉。

ジビエの利用拡大
じびえのりようかくだい

　ジビエとは狩猟によって捕獲された野生鳥獣肉を意味するフランス語。狩猟の盛んなヨーロッパではジビエ料理が食文化として育まれ、主にフランス料理に受け継がれてきた。日本では鳥獣による農林水産物被害の深刻化とともに捕獲が強化されているが、食用利用としての活用が遅れている（食用

利用は1割弱・2015年農林水産省調べ）ため、民間団体のNPO法人日本ジビエ振興協議会（現、一般社団法人）が2015年に発足。国も対策に力を入れ始め、16年の鳥獣被害防止特措法改正で利用の推進が明記された。17年4月には内閣府に「ジビエ利用拡大に関する関係省庁連絡会議」が設置。主務官庁である農水省は17年5月に「ジビエ利用拡大に関する対応方針」を定め、19年度までにジビエの利用を倍増させる目標を定め、環境整備に乗り出した。

鳥獣被害対策推進会議
ちょうじゅうひがいたいさくすいしんかいぎ

　関係行政機関が連携して行う被害防止施策の一体的かつ効果的な推進を図る推進機関。2016年の鳥獣被害防止特措法改正で新たに設置が規定されたもので、農林水産省、環境省、総務省、文部科学省、厚生労働省、経済産業省、防衛省および警察庁の副大臣または政務官などで構成する。

鳥獣被害防止特措法
ちょうじゅうひがいぼうしとくそほう

　鳥獣による農林水産業等に係る被害防止のための特別措置に関する法律。シカ、イノシシ、サルなどの野生鳥獣による農林水産業被害の深刻化・広域化を踏まえ2007年に制定、08年2月施行。現場に最も近い行政機関である市町村が中心となって実施する鳥獣被害対策実施隊の設置など野生鳥獣に対する様々な被害防止のため、国などが財政上の措置や各種の支援措置を講じている。16年の改正で鳥獣被害対策推進会議や銃刀法に基づく技能講習の免除期限の5年間延長などが盛り込まれた。

　農産物の鳥獣被害額は近年、年間約200億円で推移しており、特にシカとイノシシの増加が著しいことから、14年に成立した改正鳥獣保護法によりシカの捕獲目標が約倍となった。

稲発酵粗飼料（イネホールクロップサイレージ）

いねはっこうそしりょう（イネホールクロップサイレージ）

　稲の子実が完熟する前に子実と茎葉をいっしょに密封し、嫌気的条件のもとで発酵させた貯蔵飼料。近年、作物が作付けられていない水田の有効活用と飼料自給率の向上に資することから注目されている。イネホールクロップサイレージ、稲WCSとも表記される。

サイレージ

サイレージ

　家畜の保存食のひとつ。飼料作物をサイロ（倉庫・容器等）などで発酵させたもの。草を酸素が触れない嫌気状態にし、草に付着している乳酸菌による乳酸発酵で酸性を高め（ph〔ペーハー〕を低下させ）、腐敗菌が繁殖して腐らないようにしたもの。茎葉を利用するグラスサイレージと子実の収穫を目的に作られた作物を完熟する前に利用するホールクロップサイレージがある。後者は繊維の多い茎葉部分と栄養価の高い子実部分を一緒に利用するため、バランスが良く栄養分が高い。

日本型放牧技術

にほんがたほうぼくぎじゅつ

　日本の土地・自然条件に合った放牧の技術。狭い牧場を短期間で回して使い、栄養のある牧草を食べさせる。夏は山、冬は里と年間を通して放牧。耕作されていない棚田などを使う。シバ型草地での低投入持続型放牧などがある。

ウインドレス鶏舎

ういんどれすけいしゃ

　閉鎖型で開口部の無い鶏舎。無窓鶏舎。環境制御に重点をおき光・

温度管理などをコンピューターで行う。産卵鶏では今日、1棟に1万から数万羽を収容したものを幾棟も持ち、給餌、給水、集卵、除ふん、環境制御などを全自動化した大規模な養鶏経営が行われている。

遺伝子組み換え作物
いでんしくみかえさくもつ

　ある生物から有用な遺伝子を取り出し、他の生物の遺伝子に挿入することにより開発された作物（有機体）のこと。英語のGMO（genetically modified organism）からGM作物とも呼ばれる。

　一定の除草剤をかけても枯れない除草剤耐性作物や、殺虫成分を作るようになった害虫抵抗性作物などが実用化されている。現在、主に流通しているものは遺伝子組み換え大豆やトウモロコシなど。その安全性について疑わしく、実用化には環境に対しての食品、飼料としての安全性確認調査、試験が行われる。JAS法により遺伝子組み換え農産物とその加工品食品

について表示ルール、表示義務が定められている。

新形質米
しんけいしつまい

　米の需要拡大のために研究・開発された低アミロース米、低たんぱく米など。中でも低たんぱく米は酒造好適米と腎（じん）臓病患者の病態食の2つの要素がある。多くの新形質米があり、栽培は試行錯誤の連続で生産販売にかなりのリスクがあるが、どう利用するかが課題。

カルタヘナ議定書
カルタヘナぎていしょ

　遺伝子組み換え生物などの国境を越える移動に関する手続きなどを定めた国際的な枠組み。遺伝子組み換え品種が国境を越えて移動する場合に輸出国、輸入国間の必要な手続きを定めている。正式には「バイオセーフティーに関するカルタヘナ議定書」。

　1999年にコロンビアのカルタヘナで開催された特別締約国会議で

議定書の内容が討議されたのち、翌年に再開された会議で採択された。

カルタヘナ法
カルタヘナほう

2003年6月に制定された「遺伝子組換え生物などの使用等の規制による生物の多様性の確保に関する法律」の通称。生物多様性条約に基づく「カルタヘナ議定書」を国内で実施するための国内法として2004年に施行された。遺伝子組み換え作物の原料使用の表示や試験栽培での拡散防止などについて規制している。

奨励品種
しょうれいひんしゅ

各都道府県においてその気候風土に適した品種を調査し、好成績をあげたものについて、これを普及すべき品種として採用した品種。基準により推奨品種、優良品種、特定品種などに区分する場合もある。

農産物知的財産権
のうさんぶつちてきざいさんけん

知的財産権とは人間の知的活動によって生じた無形の知的財産に対する財産権。農産物知的財産権は農業分野において新しい品種、農業技術、農機具などが権利を取得できる。

育成者権
いくせいしゃけん

品種登録された植物の新品種を業として独占的に利用する権利。種苗法によって保護される知的財産権の一つ。

品種保護Gメン
ひんしゅほごじーめん

育成者権侵害に関する相談などに応じる窓口として2005年4月に独立行政法人種苗管理センターに設置された品種保護対策官の通称。育成者権者などからの権利侵害に関する相談などに応じる。種苗管理センターは2016年、農研機構に統合された。

指定種苗

していしゅびょう

　流通している種苗の品質などの識別を容易にするため、一定の事項を表示させる必要があるものとして農林水産大臣が指定するもの。指定種苗には品種名、発芽率などを表示しなければならない。

施設栽培

しせつさいばい

　ガラス室、ビニールハウスなどの構造物内で栽培する方法。環境を人為的に調節し、周年栽培や立体的な栽培を行って単位面積当たりの生産性を高めるのが目的。

周年栽培

しゅうねんさいばい

　１年間をとおして農業生産（農業活動）すること。ハウスを利用してさまざまな作物の周年栽培が行われている。

養液栽培

ようえきさいばい

　土壌を使用せず水と養分を培養液の形で施して砂、れき、ロックウールなどに作物を植え付ける栽培方法。土壌を使用する場合は養液土耕。

露地栽培

ろじさいばい

　温室やフレームを用いず耕地畑で花や野菜を栽培すること。生育期間のほとんどが覆いなどのない地面の自然環境下で栽培を行う。

連作障害

れんさくしょうがい

　同種または同科の作物を同じ場所で栽培することにより養分の偏りや特定病害虫の増加、生育阻害物質の蓄積などが起こり、生産に障害をきたす現象。忌地(いやち)現象ともいう。原因は特定の病害が甚だしくなる特定の土中養分の欠乏、塩積、根が分泌した有害成分のためなど場合によって様々。

無料職業紹介

むりょうしょくぎょうしょうかい

　いかなる名義でも手数料または

報酬を受けないで行う職業紹介のこと。職業紹介とは求人および求職の申し込みを受け、求人者と求職者の間における雇用関係の成立をあっせんすること（職業安定法第4条第1項）。

インターンシップ（農業インターンシップ）
インターンシップ（のうぎょうインターーシップ）

　学生が企業などで一定期間、実習・研修的な就業体験をする制度のこと。米国で約10年前に始まり、大学生の採用企業の約8割が実施、定着している。日本では1996年の就職協定の廃止とともに導入する企業が増えている。学生が社会や仕事を知る一環として実施される場合が多いが、就職に対する思い違いにより早期退職者が生まれる弊害を解消するためにも役立っている。

OJT研修
おーじぇいていけんしゅう

　On the Job Training の略。業務に必要な知識や技術を仕事の現場で習得させる研修。農業においては農業法人や先進経営体の実際の経営の下で実践的な農業の技術や経営方法を習得する研修形態。

外国人技能実習制度
がいこくじんぎのうじっしゅうせいど

　日本からの技術・技能移転を図り、開発途上国における人材育成への貢献を目指して実施されている制度。1993年に制度化された。公益財団法人 国際研修協力機構（JITCO）が、その適正かつ円滑な推進に取り組んでいる。2017年11月には「外国人の技能実習の適正な実施及び技能実習生の保護に関する法律（技能実習法）」が施行された。

　技能実習生が習得した技術・技能・知識が雇用関係の下、より実践的かつ実務的に習熟することを目的とし、期間は技能実習1号と2号、3号の期間を合わせて5年間である。技能実習生は国内の労働関係の法令などが適用される。

　農業分野（耕種農業・畜産農業）で技能実習制度が認められたのは

2000年3月から。現在、技能実習移行対象職種・作業は耕種農業：施設園芸・畑作・野菜・果樹、畜産農業：養豚・養鶏（採卵鶏）、酪農の2職種6作業に限られる。移行するための「農業技能実習評価試験」は全国農業会議所が実施している。

特定技能

とくていぎのう

　一定の専門性、技能を持ち、即戦力となる外国人材を受け入れるため、2019年から導入された就労目的の在留資格。在留期間は通算で最長5年、在留期間中の帰国も可能。業務の範囲は、耕種・畜産農業全般で日本人が通常従事している関連業務（製造や加工など）に付随的に従事することもできる。

農業支援外国人受入事業（国家戦略特別区域）

のうぎょうしえんがいこくじんうけいれじぎょう（こっかせんりゃくとくべつくいき）

　外国人材を入れ、農業の成長産業化に必要な労働力の確保などによる競争力強化を目指した事業。在留資格は「特定活動」で就労が目的。特定期間（派遣事業者）が外国人材を雇用し、農業経営体にその人材を派遣する。2019年現在、特別区域は愛知県、京都府、新潟市、沖縄県。段階的に「特定技能」の在留資格に移行する計画。

カバークロップ

カバークロップ

　作物を作らない期間に土壌侵食の防止、景観の向上、雑草抑制などを目的に作付けされるイネ科やマメ科などの植物。

再生可能エネルギーの固定価格買い取り制度（Feed-in Tariff：FIT）

さいせいかのうえねるぎいのこていかかくかいとりせいど

　再生可能エネルギーを普及するため電力会社に対して発電した電気を10〜20年間、決まった価格で全量買うことを義務付ける制度。2012年7月から始まった。買い取り費用は電気料金に上乗せされ、

価格は毎年見直される。

在来作物
ざいらいさくもつ

　ある地域で古くから栽培されてきた穀類、野菜、樹木などの農作物。年々消失しているとみられることから近年、焼き畑農業などを復活させて在来作物を発掘、見直す動きが各地でみられる。山形県、新潟県などでは林業と連携した伝統的な焼畑農業が続けられ、そこで栽培されるカブの漬物などがブランド化して人気商品となっている。

スマート農業
すまーとのうぎょう

　ロボット技術や情報通信技術（ICT）などの先端技術を活用し、超省力化や高品質な生産などを可能にする農業技術。農水省はスマート農業の方向性を次の5つに整理している。①農業機械の自動走行などによる超省力・大規模生産の実現②センシング技術などによる作物の能力の最大限の発揮③アシストスーツなどによるきつい作業、危険な作業からの解放④農業機械の運転アシストなど誰もが取り組みやすい農業⑤生産情報のクラウドシステムによる提供など消費者・実需者に対する安心と信頼の提供。

精密農業
せいみつのうぎょう

　農地・農作物の状態をよく観察し、きめ細かく制御し、農作物の収量および品質の向上を図り、その結果に基づき次年度の計画を立てる一連の農業管理手法。①観察：圃場のばらつきの把握・記録②制御：圃場ごとの適切な施肥、農薬施用、灌水③結果：収量や品質などの記録④解析・計画：圃場ごとの土壌や収量のばらつきを示すマップの作成、経営指標の見直しなどによる次作の営農戦略の策定——の流れを繰り返すことで、農作物の収量および品質の向上を目指す。

IoT（Internet of Things）

アイオーティー

　あらゆる物がインターネットに
つながること。データの収集、蓄
積、分析やデータに基づく機器の
作動が可能になる。

ゲノム編集技術

ゲノムへんしゅうぎじゅつ

　生物の遺伝子を切断し、特定の
遺伝子の形質を改良する技術。こ
れまでの育種法と比べ、短期間で
品種改良できる。

令和版よくわかる農政用語集
～農に関するキーワード1000～

平成24年9月　第1版発行　　　　　定価：本体1,819円＋税
令和元年10月　第2版発行

全国農業委員会ネットワーク機構

発　行　一般社団法人　全国農業会議所
〒102－0084　東京都千代田区二番町9－8
中央労働基準協会ビル2階
電話　03(6910)1131
全国農業図書コード　31－31